U0246972

THE EMPTY SEA

空海

蓝色经济的未来

The Future of the Blue Economy

[意]伊拉里亚·佩里西（Ilaria Perissi）
[意]乌戈·巴迪（Ugo Bardi）
刘纪化　王文涛　郑　强

湖南科学技术出版社
·长沙·

这不是一本注定要放在书架上的学术大块头，而是一本关于海洋环境对人类生存重要性的翔实视角的书。作为人类，我们有责任保护我物圈，它慷慨地赋予我们的资源环境，并确保生态系统得到适当的保护和保存，以确保我们“摆脱紧急状况”，为后代留下一个健康的地球。

新版序言一

波澜壮阔的大海时刻激发着人类探索与创造的欲望。从古至今，人类从未停止过探索海洋、认知海洋与开发海洋的脚步。随着科技迅猛发展，人类利用和改造海洋的能力日益增强，走向深蓝，发展“蓝色经济”的热潮席卷全球。然而，海洋开发活动存在的风险和不确定性也在不断地凸显出来，资源过度开发、生物多样性降低、化学污染、酸化和海平面上升等现象也严重影响海洋环境，威胁人类健康安全。深邃而浩瀚的大海启迪着人类寻求环境保护与经济发展之间的权衡之道。

1972 年，罗马俱乐部研究报告《增长的极限》探讨了环境—社会—经济相互作用与制约理论，被誉为 20 世纪最有影响力的著作之一。它直接警示了经济增长的未来风险，在当时无异于清夜鸣钟，唤醒了沉浸于资本主义“繁荣盛况”的人们，激起了对人类发展观念的深入反思和变革性思考。它警告人类由于资源过度消耗和生态系统破坏将引发人类福祉下降、生存风险增加的问题，并尝试运用模型解决问题。

在《增长的极限》出版 50 周年之际，两位意大利自然资源和海洋领域的科学家伊拉里亚·佩里西和乌戈·巴迪教授，面向海洋领域可持续发展的挑战，共同编写了《空海：蓝色经济的未来》。它成功地沿用了《增长的极限》的研究方法来探讨海洋环境对人类生存重要性的问题。作者从生物、物理、经济学的视角出发，多维度探讨了海洋文明、海洋科技与海洋经济的可持续发展之间的关系与路径，提出以“涸泽而渔”的开发方式推动“蓝色经济”发展将会造成人类未来福祉和繁荣的毁灭，“蓝海”也许会变成“空海”。这个世纪警钟和发展理念也是与我国倡导创建的“海洋命运共同体”的思想理论不谋而合，为此我们有必要东西互鉴，充分考虑到在临港工业、海洋工程、围海造地、海水养殖、海水淡化，以及海洋能开发和深海采矿等科技产业的发展过程中，会给海洋生态系统带来前所未有的压力，有些甚至是不可逆转的。呼唤社会各界特别是下一代年轻人，增强海洋环保意识，积极参与、引领全球海洋治理进程，推动海洋可持续发展事业。很高兴两位年轻学者，来自中国 21 世纪议程管理中心的王文涛研究员和山东大学的刘纪化教授，敏锐地察觉到这一大势，及时翻译全书以飨读者。

虽然这本书是在探讨一个关乎人类未来命运的沉重话题，但同时不失可读性。作者在探讨自然科学和经济理论的时候，融合了历史、宗教、艺术和神话故事，用通俗语言、乐观态度为读者们讲解科学知识，传播环保观念，引发读者思考与共鸣。最后，我想引用《增长的极限》第一作者德内拉·梅多斯（Donella H. Meadows）的话作为序言的结束，“即使知道世界末日就是明天，今天我也要种一棵树”（Even if I knew the world would end tomorrow, I'd plant a tree today）。

李家彪

中国科学院院士

2022 年 5 月

新版序言二

初读此书，感触颇深，人类与海洋的纷争很久之前就已经开始了。人类对海洋的无序开发，造成了水产流失、渔业崩溃、海洋污染、生态异常 等一系列问题。貌似人类是这场纷争的胜利者，但海洋又失去了什么呢？没了鲸鱼，海洋还有水母。而海洋所失去的，恰是人类追求的。

此书梳理了海洋渔业如何从开始走向崩溃，继而引发的一系列海洋生态问题，思考了未来海洋可持续发展的潜在方案。相较于学术专业书籍，本书或可成为倡导新海洋经济范式之作。梳理人类与海洋的“相处”历史，会让读者更深入理解海洋对人类活动是如何反馈的。如果保持当前资源获取模式，人类与海洋之间上演的“博弈”终将导致的后果可能不仅仅是“零和” 。

“空海”并非蓝色经济发展的必然结局，而是原作者对可持续发展敲响的警钟。海洋并不需要人类，而人类则依赖海洋。在开发海洋、利用海洋的同时，做好海洋资源和生态环境保护，是实现海洋经济可持续发展的重大命题 。

中国海洋经济的可持续发展同样面临全球变暖的资源和环境压力。在中国碳中和战略目标下，能否找到一条在保证海洋可持续发展的条件下，充分发挥海洋气候调节作用的两全其美之路？庆幸的是，海洋负排放的蓝图已经绘制。中国发起并牵头的海洋负排放国际大科学计划（Global Ocean Negative Carbon Emissions - Global ONCE）已获联合国批准，得到了国际同行的广泛支持和国际科学组织的积极响应。这是保障海洋和人类社会可持续发展的一个有效举措。希望本书的出版能够引起更多人对海洋的关注和热爱，并投身到保护、经略海洋的队伍中。

海洋未来将去向何方？选择在我们手中。正如本书的原作者所期望的——后人眼中的海洋依然是蓝色的、充满生命力的！

焦念志

中国工程院院士

2022 年 5 月

原版序

我们非常荣幸能向罗马俱乐部提交这份新报告。《空海：蓝色经济的未来》是从 1972 年著名研究报告《增长的极限》出版以来，这一系列开创性报告的最新重要出版物。这份报告致力于探讨海洋经济的未来，也就是“蓝色经济”。联合工作自然资源领域的两位专家：乌戈・巴迪是罗马俱乐部的正式成员，以研究资源枯竭而闻名，而伊拉里亚・佩里西在这个领域相对是个新人，但由于她研究海洋资源的过度开发和减缓气候变化这个创新的课题，所以她的加入同样令人兴奋。

《空海：蓝色经济的未来》通过采用一种“系统”的方法来确保我们能认识到海洋经济作为自然生态系统中一个不可或缺的重要组成部分性，从而对罗马俱乐部以前赞助的研究结果进行了补充。《增长的极限》于 1972 年发表，当时被认为是经济学的一项重大创新（不幸的是，现在仍然如此），它倾向于将生态系统视为一种“外部性”，导致我们低估了它的重要性。《空海：蓝色经济的未来》为我们提供了第一个创新性的研究成果，成功地将《增长的极限》中使用的动态模型应用到海洋经济中。我们可以将这本书视为早期研究的延续——“海洋增长的极限”。

这本书的研究结果与目前海洋开发“蓝色经济”的竞争尤为相关。这种对海洋开发的过度狂热和不加节制使人们产生了太多的期望，并造成了一种猖獗的“蓝色加速”。海洋现在被视为新边疆，将为人类提供丰富的食物、矿物和能源等新资源。

作者的意图并不是要低估这些资源对人类的重要性，因为他们清楚地告诉我们，海洋确实蕴藏着巨大的资源，但是在许多情况下，开发程度远低于陆地。但它确实要求我们所有人认真思考一个基本真理：所有资源，无论最初有多丰富，都会遭到过度开发。一种资源是可再生的还是不可再生的并不重要。在大多数情况下，过度开发意味着我们将永远失去它。我们知道，如今的许多鱼类资源都因过度捕捞而遭到破坏，在书中的几个案例中，它们没有时间再生，也许永远不会。

《空海：蓝色经济的未来》给世界带来了深刻的警示：“如果我们愿意，我们或许可以把蔚蓝而富饶的大海变成一个臭气熏天的棕色水坑。”如果海洋开发继续以目前的速度进行，这就是我们面临的危险。这本书提出的关键问题是，作为人类，我们为什么会有这种必须摧毁赋予我们生命资源的需求。答案就在于我们一以贯之地倾向于使用一种过时的范式来思考问题，这种范式认为持续的经济增长是所有问题的最终解决方案，而且总会是一件好事。但是，经济增长不仅要以生态系统为代价，还要以世界上的穷人为代价，他们将受到剥削、虐待和歧视。他们是最先经历生态系统被破坏所带来灾难的人。

我们需要将社会管理的立足点和着重点从目前主导的竞争和利润转向和谐和社会公正。只有这样，我们才能创建一个可持续、有复原力的社会，才能够制定有效的应急计划和长期的系统转变，以有效地摆脱人类自我强加的地球资源紧缺观念，共同努力增进人民和地球的福祉。

这本书完全符合俱乐部报告的传统。它不是一本注定要放在书架上的学术大块头，而是一本关于海洋环境对人类生存重要性的书。这本书写得引人入胜，应该被许多人阅读和理解。它包含了大量的历史笔记，关于人类与海洋互动的各个方面的插曲，包括古代艺术、文学和神话。这一点可以从一场捕鲸的戏剧表演中得到体现，两位作者分别扮演了戏剧中的亚哈船长和白鲸莫比·迪克。

我们希望大家能喜欢这本出版物，作为罗马俱乐部的又一份产品，它向我们所有人发出挑战，希望我们能成为星球家园的好管家。这再次提醒我们，作为人类，我们有责任保护生物圈慷慨赋予人类的资源环境，并确保生态系统得到适当的保护和保存，以确保我们“摆脱紧急状况”，为后代留下一个健康的地球。

桑德琳·迪克森·德克勒夫　曼费拉·兰费尔

2020 年 3 月

原版序 二

有许多书籍记录了疯狂、不受控制的捕捞是如何导致鱼类资源的过度开发和海洋生物多样性的枯竭。在这个过程中，过度捕捞导致渔业自身消失，这是一个可悲、但完全可以避免的结果。

这些书，我承认自己曾参与写作，也为许多其他作者的书做出过贡献，但这通常是无聊的，因为他们的目的是寻找世界渔业研究的专家，这意味着你首先要对渔业感兴趣才会阅读它们。

《空海：蓝色经济的未来》的作者是两位著名的科学家，但他们并不是渔业专家。因此，这本书从不同的角度提出了不受控制的捕鱼问题，同时也与国外专家观点不同的角度。然而，我必须要说的是，这种局外人的视角使他们的书比典型的渔业书更好，因为无论读者是否对渔业感兴趣，都可以从中受益。

事实上，《空海：蓝色经济的未来》做了它的竞争对手都没有做的事情：它以专家无法接触到的读者为目标，主要通过记录捕鱼和渔民的认知。换句话说，它考虑到了捕鱼在历史上是人类与海洋的两个主要互动之一（另一个是海上运输）。这表明，对渔业在我们的历史、经济和日常生活中所起的作用让人值得深思。

两位作者表示，自古以来，捕鱼对海洋的影响一直是自然资源研究者最常讨论的主题之一。作者还介绍了与渔业技术语言相关的概念（最大可持续产量、总允许捕鱼量和其他重要指标），但从历史知识的角度，通过彼得·保罗·鲁本斯（Peter Paul Rubens）的例子和引用，从伟大的数学家维托·沃尔泰拉（Vito Volterra）到伊格洛船长（Captain Iglo），从尼安德特人（Neanderthals）到厄尔尼诺，从人文学科到科学学科，或者从科学到人文学科幸福地跳跃着，在这个过程中，以一种古怪而有趣的方式将这些观念置于背景中。

捕鱼的主题特别适合这种动态叙述，因为当研究生物实体（如鱼）和手工工具（如收集袋和狩猎矛）之间的相互作用时，会涉及广泛的学科。一般情况下，由于叙述的动态性，这样的书是不可能乏味的，事实上，它确实不是。在不影响读者阅读的情况下，作者设法追溯大部分的渔业历史，同时介绍了渔业科学的主要概念。

作者还讨论了全球变暖对鱼类的影响，以及大量塑料导致海洋窒息所造成的慢性灾难。这两个问题证实了“增长的极限”的存在，即经济增长的极限。20 世纪 70 年代，罗马俱乐部（Club of Rome）的科学家们在一项关于“增长的极限”的研究中已经强调了这一点。

丹尼尔·保利

加拿大皇家科学院院士

2020 年 2 月

译者前言

1968 年 4 月，奥莱利欧・佩西（Aurelio Peccei）邀请 30 位欧洲科学家和经济学家相聚罗马林赛科学院，讨论人类面临的全球性问题，提出可能采取的行动建议，并决定创建罗马俱乐部（Club of Rome）。1972 年罗马俱乐部发布第一份报告——《增长的极限》。此报告由德内拉・梅多斯（Donella H. Meadows）牵头并联合 16 位年轻科学家首次利用科学建模方法，呈现了整个人类社会的运行规律和未来情景，在世界范围内引发了对地球承载极限和人类发展模式的思考。报告指出，若按照彼时人类对资源需求和向自然排放污染的发展趋势，将在百年内超过地球承载的极限，呼吁尽快采取措施，且行动越早、损失越小。随着时间推移，人们越来越感受到罗马俱乐部视角之敏锐、观点之前瞻。令人震惊的是，近半个世纪以来，增长极限预判的趋势逐步得到验证，人类一次又一次在转折点上艰难抉择。2021 年 6 月，古特雷斯宣誓在连任联合国秘书长的演讲中指出："世界正处于十字路口，面前摆着两条不同的道路：一条是崩溃和永久的危机；另一条是实现突破，享有更绿色、更安全和更美好的未来。" 现在，我们已经走在可持续发展并付诸行动的道路上。

可持续发展是中华民族伟大复兴中国梦的重要组成部分。联合国环境与发展大会以来，中国政府将可持续发展确立为国家战略，为探索具有中国特色的可持续发展道路付出了巨大努力，取得了举世瞩目的成就。新中国成立以来，党中央历代领导集体深刻把握人类社会发展规律，持续关注人与自然关系，着眼不同历史时期社会主要矛盾发展变化，从提出“对自然不能只讲索取不讲投入、只讲利用不讲建设”到“人与自然和谐相处”，从“协调发展”到“可持续发展”，从“科学发展观”到“新发展理念”和坚持“绿色发展”，都表明我国在可持续发展过程中，越来越注重加强环境保护和生态文明建设，并将其作为一种执政理念和实践形态，贯穿于中国共产党带领全国各族人民实现全面建成小康社会的奋斗目标过程中，贯穿于实现中华民族伟大复兴美丽中国梦的历史愿景中。习近平总书记高度重视可持续发展，指出可持续发展是破解当前全球性问题的“金钥匙”，强调“可持续发展才是好发展”、“发展必须是可持续的，需要处理好人与自然的关系”、“人类是一个休戚与共的命运共同体”，并多次强调“人与自然是生命共同体，人类必须敬畏自然、尊重自然、顺应自然、保护自然”。

中国离不开世界，世界离不开中国。在生态环境保护历程中，中国正在从一个被动接受者转变为主动参与者和重要引领者。地球环境极其多样的生态系统，是人类命运共同体的基石；“只有一个地球”的呼唤和初心，仍然需要世界各国人民牢牢铭记。目前，在面临以气候变化、生物多样性等为核心的重大全球环境危机面前，国际社会和世界各国需要继续本着可持续发展和绿色低碳循环发展的基本理念，本着共同但有区别责任的公平原则，本着不同国家平等互利和不同文化相互包容的国际准则，以绿色发展促技术创新、促产业转型、促公平发展，同舟共济，努力构建人与自然生命共同体，给子孙后代留下一个充满生机的未来。

自首次接触海洋至今恰 20 年，从渔业资源到地球演化，体会到了海洋的壮阔和浩瀚。自首次参加海洋科考至今恰 10 年，从远洋科考到蛟龙探海，经历了中国海洋科考的历史飞跃。数次徜徉在科考船夜晚的甲板，仰望星空，犹如凝望深渊，极简且绚丽。脑海里闪现的，是如何让更多的人能够加深对海洋的理解和敬畏。海洋一系列生态生态环境问题，都是碳收支主线上碳的迁移和转化使然，物理原理和化学反应轮番登场，个体行为和群体演化交相辉映，万般规则，极尽混沌，让人着迷。虽在科学上略有拙见，但依然无法从生物地球化学循环的角度，将人与海洋的关系深入浅出的娓娓道来。直到 2021 年在罗马俱乐部网站上看到了 *The Empty Sea: The Future of the Blue Economy* 这本书，其叙事脉络，正应了心底多年的挂念，一鼓作气做成了选修课课件并进行了翻译。后续，经译者多次讨论，终于形成现在的手稿，旨在让更多读者了解人类与海洋的关系。此书译者，均为从事海洋科学研究的科研人员，非语言类科班出身，其文笔多从科学严谨角度出发。虽尽量不失学术偏颇，却难免行文晦涩，聊以白璧微瑕自勉。

首先，非常感谢本书原作者伊拉里亚·佩里西和乌戈·巴迪两位科学家的倾心付出，生动刻画了人类与海洋关系的发展和变化，让我们随着历史的长河，从独特的视角洞悉了海洋经济的发展历程，并以史为鉴探索了海洋经济未来发展的可能性。

其次，感谢山东大学在叙事思路方面提供的帮助，特别感谢胡玉斌、宋晖、于海庆、苏贝、徐永乐、王芳等老师对本书的校对、文献资料整理及专业词汇的翻译。感谢中国 21 世纪议程管理中心从前沿视角对海洋可持续发展的系统分析，感谢李黎、郑惠泽老师的投入和联系。感谢厦门大学在海洋科学方面的宏观指导意见。感谢湖南科学技术出版社的李文瑶编辑对本书专业且高效的审阅，以及对书中各种表意方式和文笔的润色建议。

目前，联合国海洋科学促进可持续发展十年（海洋十年）已官方宣布支持全球海洋负排放大科学计划（Global Ocean Negative Carbon Emissions - Global ONCE）实施，这将加快推动人类与海洋可持续发展理念在中国的传播。乘此东风，亦本书之幸。同时，特别感谢金砖国家“海洋与极地科学”领域工作组 / 中方秘书处、中国可持续发展研究会海洋资源开发技术与装备专业委员会的鼎立支持。

最后，由于译者的水平及译著时间有限，难免有一些疏漏或表意不准确的地方，诚挚恳请读者及专家给与批评和指正。

刘纪化　王文涛　郑强

2022 年 06 月 08 日

新版前言

我们很高兴我们的著作中文版即将问世。更值得高兴的是，今年正值 1972 年罗马俱乐部《增长的极限》研究报告发表 50 周年。该报告是探索地球自然资源极限的首次研究，同时其发展了一个新的科学领域，即我们今天所说的“生物物理经济学”。《增长的极限》虽然并不是专门针对海洋生态系统的，但我们的书仍与这项开创性的研究紧密关联。我们沿用它的方法和概念并将其应用于今天称之为 “蓝色经济”的领域。

在我们的书中，我们从遥远的古代开始到现代对人类与海洋互动的故事进行了广泛的研究。其中一则轶事讲述了 17 世纪欧洲人引进中国金鱼并养于缸中，风靡全欧。当然，鱼缸养鱼不仅仅是一种装饰元素，它们更是中国当代“水产养殖”模式的起源。现今，中国已成为世界第一渔业大国和水产养殖大国。

随着全球渔业和水产养殖业的扩张，对海洋健康产生了重大影响。我们的分析表明，世界海洋经济正面临一系列严峻挑战。海洋被过度开发利用，海洋环境污染日趋严重，全球变暖引发海洋“灾难”。既往经验证明，海洋资源可以通过合理管理得以恢复和重建。对中国来说，水产养殖业和渔业对海洋生态系统的影响极大，因此正确管理海洋资源尤其重要。

在寻求开发海洋资源的可持续之道时，不应将太多的经济期望赋予“蓝色经济”这一概念。必须取消有害的渔业补贴，阻止过度捕捞。否则，我们将面临渔业崩溃的困境，在未来，书名中提及的“空海”担忧不无道理。适度开展水产养殖是可行的方案，但水产养殖业并不能取代传统的捕鱼业，养殖超出合理规模会造成严重的生态环境污染，威胁其他海洋资源。

海洋管理需要智慧，我们不能变本加厉得向海洋索取。要避免在西方被称为 “过度开发 ”的问题发生，正如《老子》中所言“持而盈之，不如其已；揣而锐之，不可长保”，资源开发利用应与生态环境保护并行。

伊拉里亚·佩里西　　乌戈·巴迪

原版前言

研究海洋的人有很多方法，从不同的角度进行研究。有海洋学家、生物学家、渔业科学家、地质学家、经济学家等。当然，还有渔民、诗人、歌手、作家、画家，以及所有纯粹享受大海的人，包括夏天去海滩度假的人。

这本书的作者不属于这些类别中的任何一种，除非是略有涉及。我们都来自一个叫作“生物物理经济学”的研究领域，这是物理化学这个更大的领域的一部分，我们的老师恩佐·费朗尼（Enzo Ferroni）教授称之为“所有有趣事物的学科”。它是一门试图用物理学的基本定律解释从原子到生态系统所有现象的学科。生物物理经济学就是其中的一部分，它是复杂系统学科的一个分支，是我们在职业生涯中发现的最有趣的领域。

除了矿产资源，我们发现渔业为说明“人类不知道如何管理让他们生存的东西”这个问题提供了另一个例子。我们沿着伟大的数学家维托·沃尔泰拉（Vito Volterra, 1860—1940）在这一领域曾经走过的道路前进。他几乎是出于偶然

（他的女儿嫁给了一位海洋生物学家），在亚得利亚研究捕鱼。我们不知道他是否意识到他的方程式——由美国的阿尔弗雷德·洛特卡并行开发的一个新的科学领域，今天被称为“系统动力学”。我们希望在天堂的沃尔泰拉教授，可以看到我们，并为我们所做的工作感到高兴！

我们的方法是卓有成效的。我们根据洛特卡（Lotka）和沃尔泰拉（Volterra）一个世纪前为研究渔业而开发的方程式进行研究，后来这一方程式成为1972年“增长的极限”研究所用模型的基础。我们发现，类似的模型也可以描述现代捕鱼，这是这些模型首次应用于该领域。从那里，我们继续探索这个迷人的世界，海洋、海洋生物以及人类是如何在一个新的领域扩张并将他们视为“资源”的东西占为己有的。

这些研究的结果是一系列引人入胜的发现。最令人担忧的是，我们真的在清空海洋，这是实实在在发生的。你还记得中国的一个古老故事吗：“给人一条鱼，他可以吃一天；教他钓鱼，他会吃一辈子。”这是一个明智的故事，古代的捕鱼是利用船只行进的不破坏海洋资源的方式。今天，我们应该把这个故事改为，“给人一条鱼，他会吃一天；教他如何钓鱼，他会清空大海。”这是正在发生的事情，如果按照目前的趋势继续发展下去，这一趋势将会加速。这就是我们在这本书中讲述的故事。这不仅是一个关于海洋的故事，也是一个关于我们人类如何与维持我们生存的资源打交道的故事，在我们不断追求利润的过程中，我们常常会破坏这些资源。

最后，这本书旨在讲述一个故事的愿景，一个关于人类和海洋的伟大故事，从旧石器时代到今天我们称之为“与海洋的战争”。在这里，我们尽其所能地向你描绘这个故事，试图让每个人都能理解这个主题，尤其是年轻人。他们会发现自己生活在一个“鱼只存在于记忆里而水母零食已经成为日常”的世界里。

伊拉里亚·佩里西　　乌戈·巴迪

鸣谢

我们要感谢在这项工作中帮助或激励我们的人：桑拜娜·埃罗尔迪，斯特凡诺·亚美尼亚，托菲克·埃尔·阿斯玛，玛丽娜·克劳瑟，瓦莱里娅·达安布罗西奥，斯特凡诺·多米尼，萨拉·法西尼，瓦莱里娅·费努迪，查理·霍尔，亚历山德罗·拉瓦基，米格尔·马丁内斯，詹卢卡·马特罗尼，亚历山德拉·莫顿，塞尔瓦托·特雷迪奇，还有特提斯研究所。感谢戴夫·帕克让这本书成为可能。特别感谢丹尼尔·保利，他在与海洋有关的所有问题上都比我们专业，在这本书的初稿中帮助了我们很多，纠正了我们许多错误。我们还要感谢莫斯科国立大学的塔体安娜·优格，她同意为我们写一些关于苏联和俄罗斯鲟鱼捕捞历史的文章。我们也感谢安娜·瑞卡在 2020 年出版了这本由艾蒂托瑞·瑞尤纳提撰写的名为 *Il Mare Svuotato* 的书的意大利版本。最后，我们要感谢在写作过程中给予我们支持的家人。

作者简介

伊拉里亚·佩里西 物理化学博士（2009）。她在佛罗伦萨大学从事生物物理经济学和气候变化减缓的研究。佩里西博士是欧洲联盟“运输与环境”科学委员会的成员，也是在资源开发研究中使用系统动力学模型的多篇文章的作者，特别是在渔业方面。她在她的博客“边界（Boundaries）”上写了很多主题文章，详见：https://ilariaperissi.blogspot.com/。

乌戈·巴迪 任教于佛罗伦萨大学自然科学学院，教授物理化学科目。他是罗马俱乐部的成员，写过许多关于资源开发的论文和书籍。乌戈·巴迪也是《生物物理经济学与可持续发展》（Springer）杂志的编辑。他在自己的博客“卡桑德拉的遗产”上有写关于可持续发展和环境的文章，详见：www.cassandralegacy.blogspot.com。他的新书名为《崩溃前》（Springer 2019）。

CONTENTS

目　录

图片及出处

图 1.1 2018 年，乌戈·巴迪提供。

图 2.1 来源于 emmequadro61，共享许可：https://en.wikipedia.org/wiki/Mediterranean_Sea#/media/File:Chia_beach,_Sardinia,_Italy.jpg

图 2.2 “Adva-Berlin”提供，共享许可：https://en.wikipedia.org/wiki/The_Little_Mermaid_（statue）#/media/File:Copenhagen_-the_little_mermaid_statue_-2013.jpg

图 2.3 1960 年，福斯克·玛芮妮提供（“L’Isola delle Pescatrici”）。合理使用版权。

图 2.4 来源于“Boot Von Pesse”。合理使用版权。http://bootvanpesse.com/

图 2.5 来源于美国明尼苏达州莫里斯 Nic McPhee。https://en.wikipedia.org/wiki/File:Adda_Seal_Akkadian_Empire_2300_BC.jpg Public domain

图 2.6 乌戈·巴迪提供。

图 2.7 公开图片 https://en.wikipedia.org/wiki/Therese_Krones#/media/File:Waldm%C3%BCller_Die_-_Schauspielerin_Theres_Krones.jpeg

图 2.8 维基百科，公开图片 https://en.wikipedia.org/wiki/Stockfish#/media/File:Fiskvinnslukonur-1910-1920-kirkjusandur.jpg

图 2.9 来自维基百科 Vassil，共享许可：https://en.wikipedia.org/wiki/Cellini_Salt_Cellar#/media/

File:Saliera_Cellini_Vienna_18_04_2013_02.jpg

图 2.10 未知作者，公开图片 https://en.wikipedia.org/wiki/Apkallu#/media/File:Plate_6_fish_god_（A_second_series_of_the_monuments_of_Nineveh）_1853_（cropped）.jpgP

图 2.11 来源于 Marco Prinns，共享许可：https://en.wikipedia.org/wiki/History_of_fishing#/media/File:Villa_of_the_Nile_Mosaic_fishermen.jpg

图 2.12 未知作者，公开图片

图 2.13 乌戈·巴迪提供

图 2.14 公开图片，至少提供于 95 年之前

图 2.15 来源未知，合理使用版权。

图 2.16 来源未知（依美国版权法第 107 条规定的合理使用）。

图 2.17 公开图片

图 3.1 公开图片

图 3.2 Cristina Maccarone 提供

图 3.3 乌戈·巴迪提供

图 3.4 来源于 Filip Stankov，公开图片 https://en.wikipedia.org/wiki/File:Pagasus_Roman_Oil_Lamp.jpg

图 3.5 乌戈·巴迪提供

图 3.6 共享许可：https://open.library.ubc.ca/cIRcle/collections/facultyresearchandpublications/52383/items/1.0074757)

图 3.7 未知作者，公开图片：https://en.wikipedia.org/wiki/Whaling#/media/File:18th_century_arctic_whaling.jpg

图 3.8 乌戈·巴迪提供

图 3.9 来源于 NOAA，公开图片 http://www.photolib.noaa.gov/htmls/ 图 b0195.htm

图 3.10 2002 年，Fredrik Tersmeden 提供，共享许可：https://it.wikipedia.org/wiki/Caviale#/media/File:Blinier.jpg

图 3.11 由 Jeff Schmaltz（MODIS Rapid Response Team, NASA/GSFC）提供。公开图片。

http://visibleearth.nasa.gov/view_rec.php?id=5514

图 3.12 原始图片

图 3.13 未知作者，公开图片

图 3.14 未知作者，公开图片

图 3.15 来源于 1891 年 10 月 17 日 Harper’s Weekly，公开图片

图 3.16 由 Epipelagic 提供（FAO data），共享许可：
https://en.wikipedia.org/wiki/Collapse_of_the_Atlantic_northwest_cod_fishery#/media/File:Time_series_for_collapse_of_Atlantic_northwest_cod.png

图 4.1 Muntaka Chasant 提供，共享许可：
https://en.wikipedia.org/wiki/Plastic_pollution#/media/File:Plastic_Pollution_in_Ghana.jpg

图 4.2 来源于 NOAA（National Oceanic and Atmospheric Administration），公开图片

图 4.3 - 4.6 Loren McClenachan 提供

图 4.7 http://www.fao.org/documents/card/en/c/CA0191EN（来源于 FAO）

图 4.8 来源于 NOAA，公开图片

图 4.9 Abbag 提供，共享许可：
https://it.wikipedia.org/wiki/Acqua_alta#/media/File:Acqua_alta_chioggia_02_1DIC2008.JPG

图 4.10 公开图片

图 4.11 Willard84 提供，共享许可：
https://en.wikipedia.org/wiki/Windmills_at_Kinderdijk#/media/File:KinderdijkWindmills.jpg

图 4.12 Ittiz 提供，共享许可：
https://en.wikipedia.org/wiki/Atlantropa#/media/File:Atlantropa.jpg

图 4.13 - 4.14 来源于 MEDEAS，共享许可：www.medeas.eu

图 5.1 乌戈·巴迪提供

图 5.2 未知作者，公开图片

图 5.3 来源于 Garrett Hardin society，合理使用版权。

图 5.4 原始图片

图 5.5 合理使用版权

图 5.6　原始图片

图 5.7　原始图片

图 5.8　原始图片

图 5.9　Dennis Meadows 提供

图 s. 5.10 – 5.13　原始图片

图 5.14　Robert 提供，共享许可：
https://en.wikipedia.org/wiki/September_11_attacks#/media/File:North_face_south_tower_after_plane_strike_9-11.jpg

图 6.1　公开图片

图 6.2　来源于 Isabeljohnson25，共享许可：
https://en.wikipedia.org/wiki/OceanGate,_Inc.#/media/File:Cyclops_1_Submersible.jpg

图 6.3　来源于 NOAA, 公开图片：
https://en.wikipedia.org/wiki/Swordfish#/media/File:Xiphias_gladius.jpg

图 6.4　SteKrueBe 提供，共享许可：
https://en.wikipedia.org/wiki/Offshore_wind_power#/media/File:Alpha_Ventus_Windmills.JPG

图 6.5　Grandpa Larry 提供，公开图片：
https://es.wikipedia.org/wiki/Annona_（diosa）#/media/Archivo:AR_ Denarius_Rev_900.jpg

图 6.6　2018 年，乌戈・巴迪提供

图 6.7　Hummelhummel 提供，共享：
https://it.wikipedia.org/wiki/Nave_portacontainer#/media/File:The_new_containership_MSC_Zoe_is_dragged_backwards_to_the_Euro_Gate_Terminal.jpg.

图 6.8　来源于维基百科，公开图片：
https://en.wikipedia.org/wiki/Preussen_（ship）#/media/File:Preussen_-StateLibQld_70_73320.jpg

图 6.9　共享：https://ourworldindata.org/seafood-production

图 6.10　and 6.11 Alexandra Morton 提供

https://alexandramorton.typepad.com/

图 6.12 - 6.14 原始图片

图 6.15 Interiot 提供，公开图片。

https://en.wikipedia.org/wiki/Continental_shelf#/media/File:Continental_shelf.png

图 7.1 Stefano Dominici 提供

图 1—5 乌戈・巴迪提供

第一章 介绍

Chapter

01.

Introduction

如果你在海中游泳被蛰过，你就会知道那有多痛苦。更准确一些，我们应该说并不是水母蜇人，而是它们的触角在接触到我们时会释放有毒或刺激性物质。然而，水母是美丽的生物，你甚至可以在水族馆呆上几个小时，看它们在鱼缸中成群游泳，欣赏它们轻灵的特质和独特的运动方式（图 1.1）。

图 1.1　柏林水族馆养的水母。前面是作者之一（UB）。

但是不管这些生物多么美丽迷人，与它们中的一个短暂邂逅就足以毁掉你的假期。海洋中水母的大量存在已经成为了一种新常态，有点像夏季日益强烈和频繁的热浪。如今，在海滩游泳的年轻人会组织反水母队伍观察海水，这样他们的朋友就可以安全地游泳了。但年纪稍长一些的人还记得很久以前水母问题根本不存在。当然，海里确实会有大量有毒的水母，但是它们在海边非常罕见，所以没人担心有被蜇的风险。

也许你也有机会在远离海滩的地方游泳。在这种情况下，你可能会注意到一些其他的东西。比如鱼去哪儿了？除了海滩附近的一些小鱼外，大海里除了人类似乎没有其他游泳生物了。这对我们来说很正常，但如果你认为曾经有一段时间，占据海岸的不是游客，而是渔民，那么你肯定会得出结论，这里有一些奇怪的事情在发生。如果大海一直是你现在看到的样子，渔民们用他们的小船，肯定不能走很远，能捕捉到什么呢？他们捕水母了吗？或者他们是如何谋生的？现在他们大部分都走了。当然，世界上仍然有渔船，数量很多，但已不再是过去那种浪漫的渔船了。现在捕鱼是一项工业活动，需要配备从雷达到声呐等各种花哨工具的快艇。有时，它们看起来更像宇宙飞船而不是渔船。大海怎么了？

显然，当我们在海滩附近游泳时偶然观察的现象并不能证明什么。但近年来，海洋中的很多事情确实发生了改变，不仅仅是渔业。一方面，数据显示，如今水母和其他无脊椎动物比几十年前更加常见。龙虾曾经是一种优质昂贵的食物，很少有人能负担得起。但今天，它们已经变得非常常见，开始出现在超市，甚至不是特别高级的餐厅里。在世界上某些地区，特别是中国和日本，甚至连海蜇也成为一种相当普遍的食物。并不是说它们很有营养或特别好吃，因为它们主要是由水构成的。但据说，晒干后洒上一些辣酱是可以接受的。在这种情况下，它们是脆的，有点像黄瓜。在西方，水母通常不被作为食物，但情况变化很快。来份水母披萨怎么样？为什么不吃果冻汉堡呢？

过度捕捞也确实导致了很多鱼类的消失，尤其是在近岸易被捕捞的那些鱼类。这就是丹尼尔·保利在他 2009 年发表的一项研究中所说的“水产流失”[1]，这是关于人类活动破坏海洋环境的首批报告之一。并不是所有的鱼类都消失了，但是最珍贵的鱼类，从金枪鱼到鲑鱼，在世界所有海域的数量都在减少。所以，渔民越来越少，他们捕获的鱼越来越少，因为鱼总是越来越少。但对我们大多数人来说，鱼类的可利用性似乎没有任何变化。在超市，你仍然能够以合理的价格买到你想要的鱼。如果过度捕捞是一个问题，消费者怎么会没有注意到呢？

事实上，如果你试图从超市货架上的商品中发现过度捕捞，它是不可见的。但是你今天买的鱼已经不再是几十年前的鱼了。其中大多数是人工养殖的鱼，是一种被称为水产养殖的新行业产品，这个行业使得零售商店的货架上摆满着最珍贵的鱼。水产养殖的成功导致了传统渔业的彻底重组。现在的渔业主要以生产水产养殖的饲料为导向，而不是生产供人类消费的鱼。这是一场革命，使得渔船去捕捞那些曾经没有人能想象到会成为人类食物的物种。你在餐厅吃过沙鳗或毛鳞鱼吗？不太可能，但这些是渔业积极搜寻的物种，作为更有价值的物种的饲料来源，如鲑鱼。但通过耗费资源、破坏环境等而达到增长的“竞次”仍在继续。几年前，人们还无法想象捕鱼业会开发一种被称为磷虾的小虾，磷虾曾经只是鲸鱼的食物，但如今是鱼类饲料的另一种蛋白质来源。然而，奇怪的是，磷虾也被认为是人类的食物，在日本，你可以通过询问“okyami”来点炸磷虾。有些人似乎很认真地考虑把浮游生物作为人类的食物。你想知道它是什么味道吗？据报道，它尝起来有鱼腥味[2]。对此你会感到惊讶吗？

现在你开始明白了。鱼吃水母，如果鱼消失了，水母会大量繁殖，你更有可能被蛰到。这是巨大变化的一部分，发生在世界海洋的任何一个角落。这不仅仅是关于鱼和渔业；海洋本身也在变化。由于从大气中吸收越来越多的二氧化碳，海洋变得越来越酸。它正受到各种化学物质的污染，从金属到杀虫剂,包括在海洋中形成巨大塑料岛屿的塑料垃圾。海平面上升也是由于两个平行的效应,且都与全球变暖有关。首先，水的温度上升导致它膨胀，然后大陆冰川的融化增加了海洋的水量。到目前为止，这些影响都很小，如果没有适当的仪器，很难注意到，但在未来，污染和海平面上升将对人类造成巨大的损害。

有时，我们会听到，没有问题，只有机会，有些人似乎把这个概念应用到地球海洋的变化上。这种心态构成了“蓝色经济”及其“蓝色增长”和“蓝色加速”概念的基础。这些条款包括证明我们开发利用海洋资源合理性的所有活动。除了捕鱼，海洋的矿产资源也被开发了：你看到的海上石油和天然气钻井平台就是一个很好的例子。再想想现在越来越多的海水淡化厂，它们在对抗全球变暖引起的干旱，并为口渴的人类提供水资源。这些工厂生产大量的饮用水，但总有一个成本，因为需要大量的能量将盐从水中移出，以抵消渗透压。然后还有很多以海洋为基础的活动：交通、旅游、军事行动、科学研究等。大海不再是勇敢高贵的渔夫们浪漫的巢穴，而是工业发展的舞台。这是一种经济资源。

当然，20 世纪 50 年代的科幻小说中流行的疯狂想法，比如海底城市，如今已不再有人谈论。但是我们谈到了许多其它的在我们这个时代之前甚至无法想象的事情，涉及到被认为包含在海中的宝藏。有人说，蓝色经济将给我们带来一个新的繁荣时代，不仅如此，它将是“可持续的繁荣”。正如冈特·鲍利（2009）在《蓝色经济》一书中所描述的那样，这个概念已经变得如此流行，以至于它也被用来定义与海洋无关的技术，只要它们是可持续的。但蓝色经济的流行，主要是一个特定因素的结果：水产养殖的惊人发展。曾经，水产养殖是一项小规模的活动，主要是在中国生产虾和其他海鲜，以补充家庭饮食。但是，今天，水产养殖的产量几乎与传统渔业一样多，而且全球每年的营业额要大得多，高达数千亿美元。它是少数几个仍有望每年稳定增长、有时还能达到两位数的速度增长的工业部门之一。这种增长使人们将蓝色经济视为人类智慧的巨大成功。我们征服海洋的进程进展顺利，并取得了越来越惊人的成功。我们将从海洋中得到我们所需要的一切：食物、能源、矿产，甚至化妆品，还有别忘了旅游业和贸易路线的扩张。这是蓝色经济，孩子！但是我们真的能鱼与熊掌兼得吗？

第二章 海洋的发现

Chapter

02.

The

Discovery

of the Sea

2.1 水猿：人类与海洋

Because there is nothing more beautiful than how the ocean doesn't want to stop kissing the beach, no matter how many times it is thrown away.

——Sarah Kay

因为没有比这更美的——不管被抛出多少次，海洋都不曾停止亲吻海滩。

——莎拉·凯

你听说过水猿吗？当然，你在动物学书籍中从来没有见到过。即使在漫画和卡通中的幻想生物中也很少见：猿（还有猴子）似乎与水相处得不好。并非猿和猴子不会游泳，它们会，但似乎不会经常这样做，它们好像也不喜欢游泳。只有少数例外，其中之一是日本猕猴。在冬天，它们喜欢泡温泉，而在夏天，它们喜欢待在由它们的灵长类表亲智人，其更广为人知的名字是“人类”所建造的水池里。

智人的一个特点是即使与其他灵长类动物相比，它们的游泳能力也很差。原因是人类为双足运动演化，不具备大多数陆地动物的天生游泳能力。四足动物游泳就像在“水中行走”一样，并且它们的身体结构使它们很容易将头伸出来呼吸。这源于头骨结构的不同：人类的枕骨孔位于中央，并且头部垂直于脊椎。而其他哺乳动物枕骨孔更靠后，且头部由特殊肌肉垂直支撑。所以狗不需要学习游泳，它从第一次跳入水中就会游泳。猫也是游泳好手，尽管它们出了名地不爱水。相反，人类必须学习一种让自身漂浮，且保持呼吸时头在水面之上的动作。未经训练的人落入深水很有可能被淹死。

对在漫长进化历史中先于并伴随我们的不同种类的人属来说，也面临着同样的游泳问题，它们现在被称为“人族”或“古人类”（不要与包括类人猿的“原始人”一词混淆）。我们不知道我们的远古祖先游得如何，但是自从他们拥有与现代人一样的直立姿势后，就需要与我们同样游泳时需将头高于水面。但是，正如我们可以学习游泳一样，他们可能也可以。例如，化石记录显示，我们某些远古表亲尼安德特人患有一种叫做“外生骨疣”的耳部疾病，这是一种耳道内骨骼异常发育的现象。今天，这种疾病影响着进行水上运动的人们，这似乎表明那些尼安德特人曾大量进行海上或水中活动。这与尼安德特人不吃，至少通常不吃鱼的说法有些矛盾。或许耳病是生活在寒冷潮湿环境中的结果：毕竟，一些尼安德特人是“穴居人”。但也许他们只是喜欢在海里冲浪，就像今天的夏威夷人一样。

在这一点上，我们还应该提出关于我们远祖的一个假设，他们不仅是海边的居民，而是真正的水生动物，大部分时间都生活在海里，或多或少像海豹或企鹅。也就是说，他们可能是曾经唯一存在过的水猿。这个想法最早是在 20 世纪 60 年代由阿利斯特 · 哈代提出，他曾指出人类的某些特征在其他灵长类动物身上是缺失的[3]。其中有两个特征异常：

图 2.1　地中海景观：位于撒丁岛南部的 Chia 海滩。很可能我们的远祖最早在非洲就已经沿着这样的海滩与大海持续接触。还有证据表明几万（或许是几十万）年前他们已经在海上航行了。

人类无毛且有皮下脂肪。这些是海洋哺乳动物：鲸鱼、海豚和其他动物的典型特征，而不存在于陆地哺乳动物中。所以，哈代的想法是人类可能遵循类似于导致一些陆地动物变成海洋生物的进化路径，如海豹、鲸鱼、企鹅和其他动物。古代海洋人类可能以软体动物、甲壳类动物和鱼类为食，因此大部分时间都在靠近海岸的浅水区游泳。这就是他们拥有典型海洋动物特征的原因。但是，与海豹和企鹅不同，人类以某种方式设法重新适应陆地。这个概念由威尔士科学作家伊莱摩根提出，并在 20 世纪 70 年代非常流行。

水猿假说的传播形成了这样的观点——世界文学瑰宝中的美人鱼传说是对远古时光的回忆。2012 年，“探索频道”竟然播放了名为《美人鱼：发现的尸体》的纪录片，他们似乎认为这些古老的海洋人类仍然存在，或者他们的化石痕迹已经被发现。它是科幻小说，但很多人认为它报道的是真实的。无论如何，这部纪录片取得了一定的成功，体现了卡通片和漫画书中美人鱼的现代魅力，其原因也许是他们倾向于穿性感胸罩（有时甚至不穿）（图 2.2）。

图 2.2　哥本哈根美人鱼。1913 年根据汉斯·克里斯蒂安·安徒生童话故事“小美人鱼”修建的青铜雕塑。

在现实世界中，最接近好莱坞式美人鱼的是日本人阿马（字面意思是“海女”），专门从事深潜以及收集珍珠和贝壳。尽管今天只有少数强壮的女士还在这里，但是这里仍是日本南部一个非常古老和传统的旅游景点。照片由日本伟大的传统文化专家福斯科·马兰（1912—2004）于1954年拍摄，当时阿马还以捕鱼为生。就像哥本哈根的美人鱼一样，阿马没有穿胸罩，但不同在于她们没有鱼尾（图2.3）。

图2.3　图为一位正在潜水的日本采集珍珠女士阿马·圣，由福斯科·马兰拍摄于20世纪50年代早期。

水猿学说偶尔出现在关于人类起源的科学讨论中，通常情况下，它被驳斥得体无完肤。大多数人类学家有很好的理由认为这个理论是无稽之谈。重要的一点是没有证据表明人类曾经为水生动物。另一个重要的理由是缺乏毛发和皮下脂肪的特征可以更好地解释他们不是水生动物。如果我们的祖先是半水生动物时，裸体带来了优势，今天我们不再是水生动物，那么为什么没有恢复毛发？

目前，人类学家之间存在一定的共识，即我们的人族祖先主要生活在热带草原，这是他们放弃原始森林后适应的环境。这个观点并不被普遍认同，但考虑到人族出现时发生的巨大生态系统变化，这个观点是有道理的。这是地球母亲的新进化技巧：数亿年来，植物一直在利用一种叫做 C_3 机制的光合作用。之后，一种新的光合作用机制出现：C_4 机制。它在干燥的环境中更有效，并且在大约一千万年前中新世时期的生态系统得以大量扩展。C_4 植物是草，并非树，它们似乎在火灾造成的森林周期性破坏期间生存得更好。大约同一时间，大量反刍动物开始在大草原上生活。

由于这些事件，一些树栖灵长类动物改变了它们的生活方式，成为大草原的居民。对于他们来说那是一个更加危险的环境：他们体型必须变得更加庞大，才能成为对于许多在大草原上狩猎的强大食肉动物来说更难对付的猎物。他们还采用了双足站立的姿势，这可能使它们能够更广泛地观察周围的环境。最有可能的是，它们是有创造力的杂食动物，适应任何可用资源：浆果、水果、块茎等。它们很可能也会以打猎来获得肉类，尽管“人、猎人”的概念不应该被夸大：对于我们远古的祖先来说，肉可能只是一种偶尔的膳食补充剂。很可能他们最有用的工具不是矛而是袋子，就像厄休拉 · 勒 · 奎恩在她 1986 年的论文《小说的手提袋理论》中提出的论点一样。即使是现代猿也会去狩猎，所以，为食物而杀戮是原始人类的传统，而且，“智人”可能是原始人类中最专业的猎人。

我们的祖先是大草原居民并不意味着他们不喜欢水。

相反，有证据表明从非常古老的时代开始他们就把海洋作为食物来源地。考古资料表明，他们沿着海滩，利用退潮的机会收集留在沙滩上的藻类、软体动物、甲壳类动物和一些被水洼困住的鱼。这并没有使它们成为水生猿，但双足站立姿势可能帮助他们保持头部露出水面时比四足动物涉水更远一点。我们不知道海滩资源对我们祖先的饮食来说有多重要：这种类型的营养没有很高的热量。但在那个时候，超市还不存在，为了得到一块好牛排，你必须在它仍然用四条腿奔跑的时候抓住它。那一定有相当大的能量损耗，更不用说所涉及的风险。相反，从海滩或岩石中收集软体动物或甲壳类动物很轻松，因此可能是更好的捕食策略。

卡路里密度方面，即使不像牛排那么高，鱼类也是一种远优于软体动物和甲壳类动物的食物。问题是鱼移动速度比甲壳类动物快得多（更不用说蛤蜊了），找到退潮时留在海滩上的鱼只是偶尔发生的事情。但这些罕见的机会很有可能向我们的祖先展示鱼是优质食物，但是如何得到它呢？对于人类等所有没有鳍的陆生动物来说，像企鹅和海豹一样游泳追鱼是不可能的。在水外捕获鱼，你需要具有一些只有少数非海洋动物拥有的特殊技术。当然，许多鸟类通过快速俯冲入水来捕鱼，甚至有些蝙蝠也会这样做。捕鱼对于非飞行动物来说是一个更复杂的事，但往往需求是发明之母。北极熊潜伏在冰洞附近，他们知道海豹会上来呼吸。灰熊则相反，通过在鱼克服急流出水跳跃的点来伏击和捕捉它们，甚至有野猫专门研究钓鱼，称为“钓鱼猫”，它们主要生活在印度东北部孟加拉国。它用爪子快速划动来捕鱼。不幸的是，这些猫已经很少了，这个物种濒临灭绝。至于家猫，众所周知，它们非常喜欢鱼，但在大多数情况下，它们将自己限制在鱼味丸或盗窃煎锅炸鱼中。但有文献记载家猫用爪子在海里或河里捕鱼的案例。有时它们甚至尝试捕抓家养金鱼，这是很多卡通片和连环画的特色主题。

人类可以使用类似于他们的跖行表亲（熊）的方法捕鱼。没有熊的尖牙和爪子，但他们可以使用鱼叉和其他具有类似效果的工具。但是，在很久之前我们的祖先就开发了更多创造性的捕鱼方法。一个例子是使用植物毒素毒杀整个池塘或大潮池，杀死所有鱼后可以很容易地收集鱼。这是一项非常古老的技术，在欧洲中世纪时期仍广为流传。即使在今天，仍有猎人和捕鱼者使用。在古代，就像今天一样，毒钓会产生巨大的污染，不幸的是，这种产生污染的破坏性方法并没有被完全消除。在非洲海岸线使用杀虫剂捕鱼很普遍，而在东南亚还使用氰化物。当然，炸药可以用来杀死池塘里所有的鱼，结果相当于毒药。

也许以毒为基础的捕鱼是古代的传统，但这只是在小范围内可以做到的。当然，我们的祖先不能毒杀大海！为此，我们不得不等待我们的时代，但除此之外，古人深知海洋蕴藏着无比丰富的资源，比他们在河流或湖泊中所能找到的还要多。更不用说海洋哺乳动物：海豹和鲸鱼是蛋白质、脂肪和皮毛的极好来源。但是作为非水栖类猿如何捕获它们？

正如我们所说，智人是一种富有创造力和适应性的物种，并且在远古时代，我们的祖先就用他们在陆地上开发的狩猎技术来捕鱼。他们用来对付陆生动物的矛变成了对付海洋哺乳动物的鱼叉。对必须离开大海才能繁殖的海豹和海象来说这是致命武器。它们在地面上缓慢而沉重，是容易猎杀的目标。我们的祖先还开发了一种可用于中型鱼的变体叫作“鱼钩”。但为开发海洋资源铺平道路的最杰出发明是渔网。我们在约12 000年前的全新世初期就已经发现了它的痕迹。在卡累利阿共和国靠近安得里亚市（现在的卡缅诺戈尔斯克），发现用扭曲的柳枝制成的渔网碎片，其可以追溯到大约公元前8300年[4]。那个时候已经有人去当地的湖泊或附近海域捕鱼了。更古老的是在韩国发现的压铁，可能用于将网带到水底。

渔网是一项非常特殊的技术，是典型的智人技术。无脊椎动物不曾开发过这样的东西，尽管我们必须承认蜘蛛早在我们之前，大约在2.5亿年前就发明了网。某些种类的蜘蛛以捕食小鱼为生。但它们不使用网达此目的，它们只是跳到鱼身上。因此，智人的网作为捕鱼工具在生态系统中独一无二。

渔夫可以以非常简单的方式使用渔网，渔夫涉水直至水到他的腰部，以捕捉在海滩附近游泳的鱼。网也可以在岸边使用，附在棍子上，或者阻止鱼从河流或池塘逃走。渔网是一个简单的工具，在鱼多的地方它过去能实现高产量，并且现在仍能实现。如果渔网再加上某种让渔民远离岸边的船只这使捕鱼变得更加有效。渔民可以捕捉到“远洋鱼”，即那些生活在开阔大洋的鱼，就营养特性和丰富度而言，远洋鱼通常被认为是最好的鱼。另一种鱼被称为“底层鱼”，这种鱼占据靠近海床的“底栖”区域。举几个例子，鳎、海鳗和红鱼是底栖鱼类，而鲑鱼、金枪鱼、鲨鱼和许多其他鱼类是远洋鱼类。你会看到后者无论是古代还是现代都是最珍贵的鱼。但是，要靠近远洋鱼类，我们的祖先从完全基于陆地的猿变成部分海猿需要一项重要的技术飞跃：船。

我们的祖先擅长建造小而高效的船，以皮革覆盖的木质结构通常很轻。它们有很多名字，轻舟、独木舟、皮划艇等，这些简单的船已用了千年。在爱尔兰，被称为“小圆舟”的传统皮船有些至今仍在使用。有了这些船，爱尔兰渔民们就可以勇敢地面对大西洋的海浪。因此在人类文明初期，就有了在开阔大洋捕鱼的好技术：轻船和网的结合，可以接触以海鱼为代表的丰富资源。这是一个漫长的故事的开始，我们将在接下来的章节中继续讲述。

插曲：石器时代航海者

作为双足动物，与大多数四足动物相比，我们的远祖一定游泳能力不佳。尽管如此，他们还是设法做到了横跨大跨度水面。一个非常古老的例子是弗洛里斯人，他们是住在弗洛里斯岛上我们的远房表亲，在印度尼西亚，他们因为体型小有时被称为“霍比特人”。这些生物似乎从很久以前可能是 700 000 年前的遥远时代就已经存在于弗洛雷斯岛上，并且他们直到近代几万年前一直留在那里。但要到达那里，他们必须横渡数十公里的大海。他们从大陆一直游泳过去吗？也许吧，但我们永远不会确切地知道他们是如何横渡的。

我们对生活在地中海岛屿的尼安德特人有同样的疑问。被称为“莫斯特”的碎石工具是典型的尼安德特文化，可以在几个爱琴海的岛屿，包括克里特岛发现这些工具。即使在冰河时代，海面比现在低时，这些都是岛屿，要到达那里必须横渡大海。对于身体状况良好的智人来说游泳几公里是有可能的，对于尼安德特人也有可能。但即使是像他们这样强壮的人，也几乎想像不到他们能游 30 公里，这是最近的岛屿到克里特岛的距离。他们会不会使用某种木筏，也许是一根漂浮的原木？不太可能。无论漫画故事中描述什么，如果那个方向没有海流，木筏就无法带你去任何地方。有可能尼安德特人时代有潮流将人们从大陆带到克里特岛，但要假设在地中海中的每一个岛屿都存在推动木筏的海流。

尼安德特人似乎有可能会建造一种足够轻的船，可以沿特定方向划船。毕竟，尼安德特人能够创造出复杂的石头工具，没有什么会阻止他们使用相同的工具来将原木雕刻成独木舟的形状。建造这种船可能比用燧石制作矛尖容易得多——试试用你的手打燧石你就知道了。追溯到近 10 000 年前，已发现这种类型的船。一个例子是现保存在荷兰格罗宁根博物馆的“佩斯独木舟”。作为一艘船它没什么复杂的，但现代复制品被证明其能够漂浮并携带一个人，并可以用桨划船。它可以在平静的一天从安迪基西拉岛到克里特岛航行。显然，佩斯独木舟是在尼安德特人消失几千年后欧洲建造的，但它向我们展示了如何在非常古老的时代制造非常简单的船（图 2.4）。

图 2.4　拥有 10 000 年历史的“佩斯独木舟”复制品。划船的人不是尼安德特人，是荷兰的皮划艇运动员马克－简·迪勒曼斯。独木舟既实用又容易操作，我们的远祖可以使用它在平静的水域中航行。

2.2 杀不死你的东西会让你变得更强大：如何保存鱼？

> The guest is like fish: after three days it stinks.
>
> —Ancient proverb

你一定知道一句谚语：客人像鱼一样，一段时间后他们闻起来变臭。古代渔民的问题不是客人，而是鱼。无论捕获量多么丰富，几天后鱼都容易变质。这对捕鱼为生的人们来说是一个根本问题。倒霉的几天，暴风雨，船需要修理，疾病，或者冬天来了，都可能会让一个家庭没有食物，那是一场灾难。所以，在非常古老的时代，捕鱼只是杂食动物智人生活的一部分。如果他们能钓到鱼，那么他们会吃掉它；否则，他们会靠猎物、浆果、树根为生，或者任何可食的东西。捕鱼是一项偶尔的活动，鱼变质不是一个大问题。河流和湖泊是我们远祖保存鱼的储藏室。

随着捕鱼技术的发展变得更加复杂化，渔民的工作变得更加专业。织网需要一定程度的专业化，更不用说建造、维护和装备船只的能力了。那么，渔夫需要知道如何织帆并使用它，更不用说操作舵、桨、锚和其他工具。所以，随着时间的推移，渔民在他们的行业变得越来越专业，他们不再做像他们的猎人祖先和采集者祖先一样的适应性通才。此时，渔获产量波动的问题变得严重起来。几周的厄运会害死他和他的家人，一个职业渔民如何生存？

解决这个问题最有效的方法是找到一种让鱼长期储存的方法。这对没有冷藏技术的古人来说是一项重大的技术挑战。在一定限度内，鱼可以在一些充满水的池塘或水箱中保持活力。但这并不实际：鱼需要氧气，水箱中的氧气不足以让鱼长时间存活。如果你曾在家里养过金鱼，你就会知道水需要定期过滤和充氧；否则，小动物很快就会死亡。鳃保持湿润下螃蟹和其他甲壳类动物可以在空气中存活几天，但这很难解决长期储存食物的问题。

艺术中的鱼

我们都熟悉人类历史上最早的艺术形式，我们远古的祖先在洞穴墙壁上绘制了他们猎杀的动物图像。今天，我们仍然可以看到精美的马、野牛和猛犸象，显然是由非常了解这些动物的人画的。但鱼呢？我们的祖先什么时候第一次认为在绘画或雕塑中值得描绘一条鱼？

远古时绘制或雕刻的陆地动物是相对容易找到的，如羚羊、狮子、马等，甚至鸟类也很常见。但是鱼却并非如此。充其量，我们只能找到一些奇特的鱼形生物，比如，半人半鱼，长有人脚的鱼，但作为动物的鱼是非常罕见的。能找到的最早可识别为鱼的生物刻像之一在被称为“阿达印章”的苏美尔圆柱印章中找到（图 2.5）。

早期艺术中缺少鱼的图像是有原因的：古代人非常了解鱼是什么，怎么捕，怎么烹饪。但他们不能想象水下鱼的样子。这与猎人毫不费力地想象自己的猎物在森林中奔跑的情况截然不同。所以，古代艺术家只能展示已经捕获的鱼，而那要无趣得多。

直到最近，人们还无法想象鱼在水下游泳的样子，任何试图在自然环境中描绘它们的行为都注定失败。例如，荷兰画家勃鲁盖尔（1568—1625）和彼得·保罗·鲁本斯（1577—1640）于 1617 年合作创作了一幅名为“伊甸园”的画。画中动物由勃鲁盖尔绘制，

图 2.5　苏美尔人的“阿达印章”可以追溯到公元前 3 000 年。图中中间的人是神恩基。注意水流和在其中游动的鱼。这可能是历史上第一个关于游鱼的艺术之作。

鱼侧身躺着，就像在盘子里一样，而不是像在溪流里面游泳。显然，即使在 1600 年，某些有文化的人，如勃鲁盖尔也不知道水下世界是什么样子（图 2.6）。

图 2.6　勃鲁盖尔和彼得·保罗·鲁本斯的画作“伊甸园”（1617 年），目前陈列于荷兰海牙的毛里求斯。注意一些鱼在河里游泳的姿态，就好像它们是被煮熟放在盘子上一样。

直到 18 世纪，第一个球形容器形状的水族馆才出现在欧洲，如今仍在使用。这个设计想法来自中国，是海水养殖实践的产物，在中世纪的东方已经很常见。但是把鱼变成装饰品，有必要开发玻璃制造技术，制作可以看到鱼在里面游动的透明容器。在文艺复兴时期将金鱼放入玻璃碗中成为可能，大约在 1750 年法国国王路易十五将其作为礼物送给了他的情人蓬巴杜夫人。从此，金鱼缸在西方流行起来，大家都可以观察到鱼如何游泳：肯定不是像早期勃鲁盖尔描绘的那样侧卧。即便如此，并不是每个人的想法都是正确的，在 1780 年，法国博学者埃德梅·路易斯·比拉登·德·索维尼发表了一篇关于金鱼的论文，他描述了一种腹部向上游的被他称之为“睡鱼”的生物。但它们只是病鱼，失去了对身体鱼鳔的控制而已。

在 19 世纪，丈夫把鱼缸里的金鱼送给他们的妻子作为结婚一周年的礼物成为一种时尚。出于某些原因，金鱼与漂亮的年轻女士联系在一起。在图中，你会看到这一主题的首批画作之一。它由奥地利画家费迪南德·格奥尔格·瓦尔德米勒 1824 年创作，描绘了女演员致特雷泽·克朗同金鱼缸同框的画面（图 2.7）。

即使是猫也喜欢这种新时尚，当然，它是出于不同的原因。1747 年，英国诗人托马斯·格雷为一只最喜欢的猫写了一首名为《死亡颂》的诗。诗中讲述了一只猫在尝试从碗里捉金鱼时被淹死的悲伤故事，这无疑是许多现代卡通的先驱。

现在在家里或博物馆里放置水族箱很普遍，每个人都可以看到鱼和其他海洋动物是如何游泳的。这种时尚的发展在 1998 年斯蒂芬·杰伊·古尔德的《莱昂纳多的蛤蜊山》书中有详细描述。关于金鱼，你可以阅读安娜·玛丽·布斯的《金鱼》（2019）这本精彩的书。

图 2.7　1824 年费迪南德·格奥尔格·瓦尔德米勒绘制的致特雷泽·克朗的肖像画。

那么，有没有办法避免鱼在被抓几天后变质？这里的问题在于我们称之为“腐烂”的过程。在细菌的作用下，蛋白质降解形成各种化合物，例如称为“腐胺”和“尸胺”的物质。仅从名字就能够明白这是有毒和有臭味的物质。烹饪鱼对防止它变质有帮助，但这不是解决方案。确实，烹饪可以杀死细菌并破坏一些由细菌产生的有毒物质，例如肉毒杆菌。但烹饪并不能消除所有的毒素。只要你想你就可以煮一条变质的鱼，这样它就不会再发臭了（至少不会那么可怕），但它还是会让你腹痛得很厉害。

另一方面，我们都知道那句至理名言“杀不死你的东西只会令你变得更强”，应用于食物，这意味着我们的祖先可能不得不适应食用完全新鲜的鱼。这可能是开发“浓烈”的酱汁和调味品的原因，旨在掩盖变质的食物难闻的气味。你一定知道芥末，一种大约1500年日本发明的酱汁，它似乎取悦了第一位将军德川家康（1543—1616）。即使在今天芥末也是一种受欢迎的酱汁，你可以在日本餐厅品尝到它，它与寿司很相配。第一次尝试芥末，你的嗅觉可能瘫痪几分钟。如果想隐藏难闻的气味，芥末肯定有效。但原来的芥末是通过磨碎芥末植物的根茎制成，不如现代的强烈。所以，我们不能确定：不存在冰箱时代的烹饪习惯是否与我们这个时代大不相同。

我们的祖先不只是试图隐藏鱼变质的气味，他们还努力寻找防止鱼变质的方法。这并不容易，但也不是不可能的。毕竟，细菌不是杀死我们的邪恶生物：它们只是致力于利用与我们相同的资源。它们通过降解有机物质从中提取能量。通常，细菌进行“发酵”作用，该过程发生在没有氧气的情况下，或称为“厌氧”的条件下。细菌发酵产生的废物有时又臭又毒，但情况并非总是如此。厌氧下糖的发酵是葡萄酒和啤酒中产生酒精的原因，受到人类高度赞赏。如果降解是由“好”的细菌引起的，或者至少不产生有毒或难闻的物质，所以发酵鱼可以很好吃。但是如何得到这个结果呢？

一个典型的例子是鳕鱼干，简单地将鳕鱼保存在空气中就可以得到。这是一种典型的挪威食物。它只存在于挪威，世界上其他地方都没有。但为什么这个过程只在挪威有效呢？这是因为细菌是顽强且几乎坚不可摧的生物，但它们往往温度越高越活跃。在挪威，鱼在接近 0°C 的温度下被晾干，这个温度足以使水蒸发，且减慢细菌的日常活动。如果温度较高，腐败细菌会活跃，而如果温度更低，鱼体内的水分将不再蒸发而是会冻结，形成冰晶破坏鱼的组织。因此，挪威鳕鱼干是一种几个世纪以来挪威人学会的非常微妙平衡条件的结果，在 13 世纪的埃吉尔《传奇》书中所述，挪威人在公元 9 世纪就已经在做鳕鱼干了。他们可能更早时间就知道如何制作了，现在挪威人仍然用古代类似的技术制作鱼干（图 2.8）。

鳕鱼干的故事不仅告诉我们鱼是如何作为食物储存的，而且还告诉我们食品储存技术是如何影响社会。世界上几乎所有地方捕获的鱼都会被立即食用或到达岸边后出售，但是挪威的渔民家庭会把它们储存起来。仅需要的是在两个柱子之间拉一根线来悬挂它们。这项技术给中世纪的挪威社会带

图 2.8　挪威妇女制作鳕鱼干，摄于 1915 年。

来了高蛋白、低成本和长期的食物来源。这可能是维京人在公元 8 世纪开始扩张的原因之一。我们都知道著名的“长船”，轻而优雅的船只载着维京人去了几乎在欧洲和非洲北部的所有地方，有时是为了打家劫舍，有时是为了贸易。维京人能够去离家如此之远的地方是由于几个因素，其中一个就是可获得集中的、不易腐烂和易于运输的食物形式：鳕鱼干。

但是，对于那些非维京人来说，长期储存鱼的问题仍未解决。也许挪威以外的某些人试图用维京人的方式制作鱼干，但我们可以肯定地是他们没有成功。只有世界上少数地区有适合在鱼因细菌活动而变质之前制成鱼干的温度和湿度条件。各种不同的技术都旨在控制细菌发酵。它可能涉及控制酸度、湿度和温度或加盐。所有情况下，都是为了减缓细菌活动。使用大剂量的盐可能可以彻底杀死细菌并阻止一切无论好坏的发酵，但是它是一种仅在相对现代的时代才发展起来的技术。对于古人来说，重盐腌太贵了，不实用。

在受控条件下发酵鱼会产生不同种类的食物，有时，我们大多数人根本不会考虑这些食物的混合物。直至今天，仍有许多食物只对那些从小到大习惯了的人有吸引力。尝试让日本人吃意大利的一种叫作戈贡佐拉的蓝色奶酪，你就会明白这一点的。或者同样的，如果你是一个西方人也无法接受尝试吃在日本叫作纳豆的发酵豆。我们知道古罗马人喜欢鲜鱼，但也吃由鱼内脏制成的称为咸鱼酱的发酵鱼酱。从描述文字来看，它一定是一个相当复杂的培养技术，产生不同层次的酱汁，在某些版本中还带有相当强烈的气味。气味似乎还会转移到那些吃了酱汁的人身上：罗马作家马夏尔称赞他的朋友弗拉库斯可以忍受吃太多咸鱼酱的女孩的恶臭。根据科卢梅拉的说法，咸鱼酱也可用于防治某些马病。时至今日，西西里岛仍保留着这个名字的酱汁，但很可能，和古罗马时代的酱汁不一样。随着罗马帝国的衰落，这份食谱丢失了，但这也许不是什么坏事。

今天，许多国家都有发酵鱼食谱并生产各种可食用的鱼和鱼酱，例如韩国、印度尼西亚和菲律宾。在某些情况下，品尝这些食物可能是一个挑战。例如，在冰岛，有一种叫作臭鲨鱼的发酵鲨鱼菜，它的气味类似于漂白剂。似乎对冰岛人来说吃它也是一种对勇气的考验。另一个例子是瑞典的盐腌鲱鱼，具有某种特征的发酵鲱鱼，据说是世界上最强气味的发酵鱼，许多瑞典人拒绝食用。一个更极端的例子是远北因纽特人的基维亚克，它是用留在海豹皮内一年的鸟类的羽毛、喙、腿等制作而成。基维亚克不是以鱼为基础的食物，但它传达了某些社会如何创造性地践行“杀不死你的东西，会让你更强大”的原则。但是如果发酵过程中出现使恶性细菌自由传播的话，基维亚克实际上可以杀死人类。即使在今天，肉毒杆菌中毒在大多数因纽特人生活的阿拉斯加仍然是地方病。在古代和现代的所有文化中，不同种类的发酵食品作为保存即将被扔掉食物的方式都很常见。

一个与鱼发酵相关的类似故事是寿司，日本生鱼近年来风靡全球。今天看来很明显寿司是生鱼，但是这道菜的起源可以追溯到各种通过发酵来保存鱼的尝试。早在公元 8 世纪的东南亚，有人发现把煮熟的米饭和鱼放在一起，就有可能促进今天我们称之为“乳酸发酵”的过程，这是一种防止腐烂的“好”发酵过程。这一过程使得鱼储存的时间更长，而米饭会变酸。这个想法在公元 1300—1500 年以鱼饭寿司的名字传到日本。日本人将这个食谱解读为酸米也可以吃。习惯鱼饭寿司的味道一定是需要时间的，但味道不会那么糟糕，在日本鱼饭寿司虽然很少见，但是仍然存在，可能是因为它刺鼻的气味。鱼饭寿司的有意思之处主要在于它是 1800 年代初期在江户市（今天的东京）发展起来的寿司的起源。

现代寿司众所周知是没有发酵的：它是新鲜的鱼，就像它的表亲菜，生鱼片，不同之处仅在于有没有米饭。但是，正如我们所知，在古代吃生鱼往往很危险，那么江户时代的日本厨师如何在避免肉毒杆菌感染他们顾客的情况下供应这道新菜？这得益于全球冰贸易的发展。在19世纪，远早于冰箱发明时，冰在世界寒冷地区生产并由船运输到各地。据报道，在1856年，大约有150 000吨冰离开波士顿港前往至少43个国家，包括中国和澳大利亚[5]。佩里准将1852年率领舰队“造访”日本后，冰块出口到刚刚开始与西方建立贸易关系的日本。有进取心的日本厨师利用来自西方的廉价冰块冷藏鱼，使得在江户的高档餐厅吃生鱼成为可能。如今，得益于现代冷冻技术，人们可以在任何地方安全地享用寿司。

制冷是一项现代发明。在古代，没有人能想到冷藏可以作为食物实用的储存方法，而我们到目前为止描述的发酵技术都不能解决这个问题。除了特殊情况下，例如挪威的鳕鱼干，发酵是一个缓慢而复杂的过程，通常在卫生条件好的情况下可以手工完成，但是还有很多不足之处，随时存在肉毒杆菌中毒的风险，或者至少是强烈的腹痛。那有什么更好的办法来储存鱼呢？是的，有一种方法：腌制。氯化钠，我们称之为食盐，可以大剂量地添加到食物中，不仅能控制细菌，还能杀死它们。在盐的作用下，鱼组织脱水的同时保持了鲜鱼的大部分蛋白质和维生素。咸鱼可以长期储存，用清水洗净后就可以食用。对我们来说，它是一个简单而有效的想法，但在古代并不那么容易。这让我们从头讲起。

众所周知，典型的咸鱼是鳕鱼，在欧洲经常被称为葡萄牙语马介休的变体，它是大规模腌制鱼类最早的例子之一。约500年前的纽芬兰从发现了丰富的鳕鱼库，就开始制作咸鳕鱼并销往世界各地。鳕鱼特别适合腌制，因为它是一种“白鱼”，意味着它的肌肉组织中脂肪含量很少，而且脂肪集中在肝脏中（事实上，我们都知道“鱼肝油”）。另一种鱼，叫作“脂肪鱼”或“油性鱼”，如鲑鱼，含有分布在肌肉组织中的脂肪。油和盐不能很好地混合在一起，但你仍然可以用盐腌制油性鱼，只是它需要大量的盐，使得这个过程更加昂贵。这就是为什么鳕鱼，一种白色的鱼，是咸鱼的“典型”。

古代腌制的主要问题是盐很贵。你可能知道“salary”这个词来自“salt”的故事，还有人说罗马军团的报酬是盐。这一观点仅部分正确：没有证据表明盐曾在古罗马或其他地方作为货币。可能罗马军团收到的薪金包括抬头 salarium（买盐钱），该术语表明盐不便宜但是必不可少。我们可能觉得奇怪，盐为什么很贵？就像今天，你点了一杯咖啡不需要付糖的钱，如果在餐厅他们要你付盐的钱，你会感到惊讶，但这些都是现代习惯。在古代，桌子上有盐瓶的只有富人，或者至少小康家庭的人才买得起。也许你知道装饰华丽的珐琅和金盐盅是本韦努托·切利尼于 1546 年为法国国王制作的。法国国王可以用它们在桌子上盛放盐，但事实上，这样一个精心制作的物品说明了很久以前，盐是多么重要（图 2.9）。

正如马克·库兰斯基在他 2003 年的书《盐：世界历史》中所说，历代盐的故事复杂多样。理论上，氯化钠随处可见，而且可以简单地从海水中提取。实际上，如果不用现代技术，从海水中提取盐是一个复杂且昂贵的过程。海水中盐分的浓

图 2.9 本韦努托·切利尼的“Saliera”（金盐盅），制造于 1546 年。

度约为每升 35 克，所以如果你想要一千克盐，你需要蒸发大约 30 升水，这将需要燃烧大量木材。你可以使用免费的阳光蒸发水，当然这需要大量时间。也许你不着急，但你还是得想办法把海水抽到一个阳光下的扁平水箱里，因此需要泵运送和处理大量的水，这也需要大量时间。因此，现在仍在提取的盐，主要来自由于古代海洋蒸发形成矿物质沉积而积累形成的被称为“蒸发岩”的矿山。

在遥远的时代，盐矿促进了蓬勃发展的长途贸易，其可能是文明发展的引擎之一。公元前 5000 年左右，在乌拜德文化以其神秘的蛇头女性雕像在美索不达米亚蓬勃发展之时，盐在现在的保加利亚地区提取并出口到欧洲各地。你还记得在罗马的“via Salaria”（“盐路”）吗？还有奥地利的“Salzbung”（萨尔茨堡市）？这些名字告诉我们盐贸易有多重要。当然，盐在古代的价值不应该被夸大；它很贵，但肯定不如金银那么珍贵。它只是一种必须小心使用、不能浪费的商品。因此，保存鱼类所需的盐成本不可忽视。的确，咸鳕鱼直到近现代才开始成为一种流行的食物，原因在于仅在大约 500 年前盐生产和运输的技术进步使其足够便宜，适合储存食物。同时盐渍鳕鱼市场很可能进一步刺激盐的生产进化。

直到近代古人在储存鱼类的问题上一直处于两难的境地。为了阐明这个问题，我们可以看维京人殖民化格陵兰岛的例子。你可能知道维京酋长红色埃里克的故事，他是一个集冒险家、罪犯和先知于一身的有趣角色。公元 985 年，他与追随者一起航行到格陵兰岛的西南部地区，他发现了一些没有冰的土地，并在那里建立了殖民地。红色埃里克给它命名为“格陵兰”这个名字，也许是为了鼓励更多来自挪威的殖民地居民。这个想法产生了无数的错误——现代许多人相信，格陵兰岛顾名思义在维京人时代完全无冰。由此，他们继续否认人类在当前全球变暖中的作用，因为“气候已经一直在变”。但是，格陵兰只有在维京人定居的那片狭窄的土地是绿色的，当时和现在一样其余的部分都被冰覆盖。

格陵兰岛的挪威殖民地由 3 个独立的定居点组成，消失之前大约 4 个半世纪一直有人居住。对于殖民地消失的原因有许多猜测，一种可能性是由跨越约 16 至 19 世纪的“小冰河时代（LIA）”引起的变冷。但时间上并不完全匹配：格陵兰岛的最后一批维京人在 15 世纪中叶左右就放弃了他们的殖民地，当时小冰河时代充其量只是刚刚开始。更有可能的原因是，维京人过度开发牧场，他们饲养绵羊、山羊和奶牛，但他们似乎也以非常有限的方式从事农业。原因是格陵兰岛可以种植草或谷物的土地面积很小,而且由于那里的纬度高、太阳辐射很弱，草需要很长时间才能重新生长。当然，挪威人也需要木材来取暖，而树木在此纬度上通常长得不好，并且树木被砍伐后需要很长时间才能重新生长。放牧、农业和森林砍伐都是容易破坏肥沃土壤的因素。挪威人可能很快就发现他们没有更多的资源来喂养他们的牲畜，也不能养活自己。

故事可能比这更复杂，似乎古代格陵兰人一直通过向欧洲出口海象牙来给他们的殖民地提供资金，由于这些象牙在当时很受欢迎，因此这是一项有利可图的贸易。但他们似乎消灭了所能到达地区的大部分海象[6]，因此收入来源也消失了。这是人类破坏他们赖以生存资源的又一案例。最终，没有当地食物资源也没有从欧洲再补给的可能性，维京人无法在格陵兰岛生存。我们不知道最后的居民是死于饥饿还是寒冷，但最后一些居民的遗骸的考古发现表明他们营养不良，所以很可能是饥荒杀死了他们。

但是饥饿的挪威人不能靠吃鱼生存吗？当然，他们不能过度开发格陵兰岛周围的海域，那么，为什么他们不能开发北大西洋丰富的鱼类资源呢？这是一个很多人都问过的问题，例如贾雷德·戴蒙德在他的书《崩溃》（2005）中首先指出,在格陵兰岛的挪威殖民地遗址那里没有发现鱼的残骸。由此，他推断出那里的居民不能或不会吃鱼。然后，戴蒙德推测挪威人可能对吃鱼有禁忌，并大胆想象这可能是因为红色埃里克本人曾在晚餐时吃过一些变质的鱼。然后，因为他腹痛得厉害，因此禁止他的追随者吃这种肮脏的食物。

毋庸置疑，我们不知道1000年前在格陵兰岛举行的晚宴上有人说了什么。在这里，戴蒙德沉迷于许多西方人喜欢玩的游戏：取笑他们的祖先既愚蠢又迷信。但戴蒙德的理论是基于错误的假设，在戴蒙德的书出版后，同位素分析研究表明格陵兰挪威人确实吃鱼。没有发现鱼的残骸仅仅是因为在古生物记录中鱼骨不能很好地保存。不仅如此，数据还表明挪威人在存活的最后时期增加了食用鱼的量[7]。由于食物短缺，他们试图用尽可能多的鱼来补充他们的饮食。他们当然对吃鱼没有忌讳，但某些事情上出了点问题，他们的尝试失败。

因此，格陵兰的挪威人发现自己处于必败的局面。他们可以钓鱼，但他们不能储存鱼。他们可以饲养牲畜，但那会破坏肥沃的土地。他们可以杀死海象，但会导致它们灭绝。他们失去了一切，原因是他们错误地试图在格陵兰使用在欧洲奏效的生存技巧。但在欧洲，正像在格陵兰岛，单靠捕鱼是不可能的。只有使用特殊形式的适应方式才能存活下来。例如，格陵兰岛的原始居民，现代因纽特人的祖先，他们不从事农业，因此他们可以在常年覆盖冰的地方定居。这使他们一年四季都能够冷藏鱼和海豹肉。也许，如果挪威人试图向因纽特人学习，他们是可能活下来的。但是有一个文化问题：因纽特人和挪威人似乎相处得不太好。挪威人似乎鄙视他们北方的邻居称他们为“穿着兽皮的野蛮人”。我们不知道因纽特人如何称呼挪威人，但总之，当这两个种群的成员相遇，他们会互相残杀而不是成为朋友。如今，没有证据表明格陵兰因纽特人的 DNA 中混合两个种群。所以，我们再次学习到的经验教训是：不适者亡。

最终，单独的渔民或小型渔业群体的生存总是很困难，对于那些试图践行的人来说有时甚至是致命的。正如在所有人类企业中经常发生的一样，联合创造力量，只有渔民和非渔民在复杂社会中协作，渔业才会作为主要活动得到发展。我们将在接下来的章节中详细介绍这一点。

2.3 渔民的诅咒：货币经济的诞生

And the fishermen will lament,
And all those who cast a line into the Nile will mourn,
And those who spread nets on the waters will pine away.

——Isaiah 19:8

所有渔民必悲叹，所有在尼罗河垂钓的人必悲痛，所有在水面上撒网的必憔悴。

——以赛亚书 19 : 8

在古代，在某些情况下，捕鱼可以获得称为“奇迹”的丰富渔获量。但是，正如我们在上一节中所讲，渔民不能长时间储存鱼。这使他们容易受到他们职业的典型特征不确定性的影响：从恶劣的天气到事故。拥有丰富的资源但并不总能捕获，我们可以称之为“渔夫的诅咒”。实际上，第一个渔获稀缺的季节里想要以捕鱼为生的家庭的命运只有饿死（除非他们是因纽特人可以在常年积雪中冷藏鱼）。既然如此，早在新石器时代职业渔民就该从历史上消失了。但很明显，他们找到了避免这种悲惨命运的方法。

并非所有问题都是问题：有些问题可能是机会。古代的问题是如何储存易腐烂的食物，比如鱼，与我们今天面临的问题如何节约使用可再生技术生产的电力没有什么不同。从某种意义上说，可再生能源就像鱼：如果我们不立即使用它，它就会消失。因此有人说永远不可能使用可再生能源。但可再生能源可能是创建“智能网络”的一个机会，不同的技术交换能量，供需受市场体系中灵活的价格机制调控。在古代，以类似的方式解决了鱼的变质问题：在市场中使用灵活的价格机制[6]。

职业渔夫的形象是随着我们称之为“文明”的人类社会发展而诞生的。在欧亚大陆西部和北非，公元前 3000 年左右，文明最初是在埃及和中东肥沃的土地上发展起来。在那个时代，他们已经形成了结构化而复杂的社会。他们主要以农业和畜牧业为生，也有专业的渔民。公元前 2000 年苏美尔人的一份文件告诉我们，乘船在波斯湾捕鱼的渔夫被称为阿达帕。

显然，在当时的社会中，捕鱼是一项综合性很强的活动，一个复杂金融系统发展的结果。它可以通过泥板上的楔形文字记录追溯商业交易，货币交换是通过用谷物称重黄金和白银。造币是一项相对现代的发明；它可以追溯到公元前 6 世纪的吕底亚国王克罗伊斯时代（今安纳托利亚西部）。但是，即使没有现代硬币，古代的金融体系也允许人们做我们今天所做的一切：付款、合同、贷款等。

金融体系的存在对于必须管理交易收益率上下波动的职业渔民来说是必不可少的。当捕鱼顺利时，他可以卖鱼，攒一些钱。如果不顺利，他可以用他存下来的钱，也可以从那个年代的银行借钱，用捕鱼的未来收入还贷。第一个货币/金融系统可能因为专业渔业的发展同时发展。

事实上，农民不需要货币体系：他们可以以小麦（或大米、大麦或其他谷物）的形式积累资金。谷物可以长期储存：你还记得圣经中 7 头肥牛和 7 头瘦牛的故事吗？在这种情况下，约瑟夫建议埃及法老在好的年份储存粮食，然后在不好的年份使用它们。许多文化中使用谷物作为货币。例如，在古代日本，大米就是用于此目的。但是渔民永远不可能把鱼当钱用，没有人会想要几天后就变质的通货货币。因此，渔民不得不依靠可以生产更可靠食物供应的农民。但农民也需要渔民来供应高质量的蛋白质，以补充仅以农产品为基础的不良饮食。所以，他们达成了协议。

我们或许可以在巴比伦神父贝罗苏斯公元前 3 世纪写的文字中找到渔业和金融业并行发展的痕迹。贝罗苏斯告诉我们一种名为俄安内的鱼形庞然大物[8]（图 2.10）。

巴比伦有一大群人，他们像野蛮人一样不遵循法律。第一年，一只名叫俄安内的野兽出现在与巴比伦尼亚相邻的厄立特里亚海中。它整个身体是人的样子，在鱼的头部下方长了一个脑袋，鱼的尾巴上也长出了人的脚。它也有人的声音。它的图像至今仍被保存。他说这只野兽过着和人类一样的生活，却不吃东西。它为人们提供了各种文学、科学和工艺品的知识。它还教他们如何建立城市，建立寺庙，介绍法律和测量土地。它还向他们揭示了种子和果实的采集，总的来说，它给了人们文明生活有关的一切。

图 2.10 一个巴比伦的渔夫，或者可能是海神，或者可能是一个冲出大海的外星人。这是尼努尔塔神庙的浅浮雕。它很可能是贝罗苏斯书中所指的庞然大物。对一些人来说，这可能是来自另一个星球外星人的形象，两个手腕上的手镯可能是信号传送器，而他手中的奇怪物体也许是海怪的枪口。除了这些富有想象力的解释，他更有可能是在某些节日扮成鱼的人。

这个故事很奇怪：一条鱼怎么会教人类写作？有人认为这是人类文明起源于地球外的证据，俄安内是来自另一个恒星系统的另一个行星的外星人。但是，坦率地说，这种说法将贝罗苏斯留给我们的几行诗延伸得太多。相反，如果我们从目前讨论的角度来看这个故事，写作作为创建金融体系所必需的另一种技术，可能是贝罗苏斯以神话形式描述了商业捕鱼和写作的协同发展。那时“寺庙”的运作方式就与我们今天的银行类似：他们保证用于交易的金银的重量。当地的神或女神确保称重是可靠的。根据波洛修斯的描述，奥内斯看起来是个装扮成鱼的男人，也许是有人在举行庆祝捕捞的仪式。

因此，专业捕鱼一直是与金融系统相关的活动，其包含所有的不确定性和问题。渔民总是受渔业产量和市场波动的摆布。现实中，他们几乎总是属于信用不良方：借钱的人。穷渔夫的题材出现在很多小说作品中，例如，约翰·斯坦贝克的《珍珠》（1947）讲述了一个可怜的墨西哥渔民为找到足够的钱来支付他儿子所需要的治疗费用的故事。另一部描写贫穷渔夫的著名小说是欧内斯特·海明威（1954）所写的《老人与海》，这个主题不仅限于英语文学。乔瓦尼·维尔加的意大利小说《我 马拉沃利亚》（1881）讲述了因需要偿还与当地放债人签订的债务而陷入困境的渔民家庭。类似的故事还有很多，但似乎没有富有渔民的故事。即使在今天，渔民也不意味着富有，除了拥有捕鱼船队或在捕鱼上进行财务投机的人，但那是另一回事了。

渔民往往不仅贫穷而且负债累累。渔夫的诅咒还表现在他们处于社会等级的底端，被非渔民蔑视和嘲笑。这就是罗马剧作家普劳图斯（公元前 254—184 年）在他的一部喜剧《鲁登斯》中告诉我们的。在剧中，其中一个角色对一群渔民说："你们还好吗，饥饿的人们？你们要死了吗？"他们回答说："渔民总是这样，又饿又渴。"显然，普劳图斯的喜剧观众很熟悉渔民总是与贫穷挂钩。另一个例子来自罗马时期，苏埃托纽斯记载，一个来自卡普里岛的渔民曾想将一条他刚钓上来的鱼作为礼物送给提比略皇帝。皇帝大怒，下令把鱼在他脸上摩擦来折磨这个可怜的人。

提比略皇帝鄙视渔夫是有一定逻辑的。皇帝、国王、贵族和军阀因为指挥军队而拥有权力。军队直到今天仍存在为士兵提供食物的典型问题。一个好方法是军队随身携带谷物：小麦、大麦和其他谷物可以被保存和运输，没有大问题。众所周知，罗马军团行军过程中主要饮用谷物汤。就捕鱼而言，渔夫的诅咒再次发生了：鱼不能作为军队的食物，它们变质得太快（除了我们之前看到的维京人的特殊情况）。所以，伟大的统治者需要农民为他们的军队提供食物，而不是他们鄙视的渔民，就像前面提到的提比略事件。唯一一个社会地位高的渔民的特例是亚瑟王系列的“渔王”。他是圣杯的守护者，也是病残无能的国王，荒芜之地的领主。他显然也受到了渔夫的诅咒（图 2.11）。

对渔民普遍的蔑视态度随着基督教的到来而改变。在福音书中，多次提到与耶稣相熟的关于捕鱼和渔民的故事。我们没有证据表明耶稣他本人是渔夫，尽管他在水上行走的能力可能对他的工作帮助很大。但是，在福音书中，我们读到耶稣不止一次介入渔民的活动。例如，他至少两次教导他的

图 2.11 大约公元一世纪，尼罗河上的古代渔民，大莱普提斯，的黎波里 国家博物馆。

弟子西蒙彼得关于在哪里投网。其中一次，他们在一条鱼的嘴里发现一枚价值相当于古代希腊金币的硬币（马太福音 17：24–27）。另一次是捕了“153 条大鱼”（约翰福音 21：1–14）。我们不知道 153 这个数字有什么神秘意义，还是只是一个细节。无论如何，这又是一次“奇迹捕鱼”的报道，清楚地表明捕鱼是耶稣的一个重要行为特征。

我们知道基督教出身卑微，但事实上，耶稣的第一批门徒是渔民这件事赋予了整个故事一个特殊的意义。首先，它证实了渔民处于社会阶层的底端，因此福音书强调穷人和受压迫者。鲜为人知的是渔民以合作的形式组织起来，可能能够保护他们的成员，至少不受最极端形式的压迫。

K.C. 汉森写道，加利利湖或提比利亚湖渔民的经济，是基于管理渔业的合作[9]（图 2.12）。

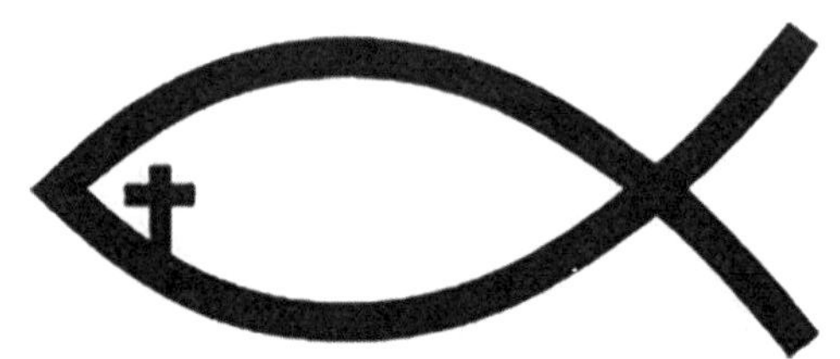

图 2.12 古基督教的图腾是鱼的形状。

渔民可以组建“合作社”（koinônoi）来竞标捕鱼合同或租赁。福音书对约拿书和西庇太家庭所做的最有趣的观察发现，他们是一个小规模的集体 / 合作社：

……他们向另一艘船上的伙伴发出信号寻求帮助。他们装满了两艘船过来。……西蒙感到惊讶，与他同行的人在捕鱼时也是如此；西庇太家庭的儿子詹姆斯和约翰也很惊讶，他们是西蒙的合作伙伴科伊内诺伊（路加福音 5:7, 9–10a）。

这些渔民合作社也许是很晚才流行起来的社会观念的首个形式。这一特征解释了原始基督教的一些颠覆性元素，后来鱼成了早期基督教的象征。它可能来自希腊词 ichthys，可以理解为 Iesos CHristos THeou Uíos Soter（耶稣基督、上帝、救世主）。但也许鱼的图腾只是耶稣作为成员之一的加利利海渔夫合作社的标志。

多年来，渔民和基督徒之间的这种密切关系逐渐消失。在中世纪，欧洲社会的基督教普遍化导致了对鱼的不同看法，鱼成为“瘦肉食物”的象征，食用它们被当做一种忏悔的形式。天主教徒的义务是每周五戒动物制品，但可以不戒鱼。显然，我们中世纪的祖先认为鱼是劣质食物，吃鱼是一种忏悔方式。

在这一点上，我们可以从薄伽丘的《十日谈》（1353）中，一部题为《费德里戈·德利·阿尔贝里吉德》的中篇小说中学到一些东西。在故事中，主角费德里戈是一个贫穷的骑士，他邀请他心爱的夫人共进午餐，发现家中没有什么比烤猎鹰更能招待她的食物了，这也是他唯一有的食物。故事有鲜明的中世纪味道，在当时食物是根据它们的“高度”分类的，鸟的价值最大。在我们这个时代，人们可以通过在高档餐厅请吃鱼宴给贵妇留下深刻印象，但如果小说中的骑士试图做同样的事情，贵妇人则不会觉得愉快。

所以，几千年来，帝国和文明诞生又瓦解，但捕鱼业和渔民变化不大。一位19世纪的欧洲渔民与罗马帝国时代的渔夫没有什么不同。而一个19世纪的欧洲渔民或多或少使用了与欧亚大陆同一时期的日本渔民相同的技术。他们面临的问题总是相同的：捕鱼可以偶尔提供奇迹般的收益，但如果没有农业的支持，不能仅靠捕鱼生存下来。直到20世纪，随着工业时代的到来情况才开始发生变化。这是我们在接下来章节中要描述的巨大变化。

插曲：露肩和渔夫

在这里，我们将提出一个假设，即女性露肩的时尚与捕鱼有关。这并不是因为人类女性模仿美人鱼赤裸上身四处走动的时尚！这是一个复杂的人类文化和社会相互关系的故事，其中之一经常导致意想不到的后果，让我们从头开始讲起。

众所周知，在我们这个时代，男性迷恋女性的乳房。但这在所有的文化中可能并不是普遍现象，尤其在过去是不一样的。这是一个很长的故事。在罗马时代，当你看到女人的乳房暴露在雕像或画上，它并不表示性诱惑，而是表示不幸。目前在佛罗伦萨陈列的罗马雕像的图片中可以很好地看到这一点，这可以追溯到公元 1 世纪。据说雕像代表瑟内尔达，她是公元 9 世纪在条顿堡击败罗马人的德国领袖阿米纽斯的妻子。后来，罗马人设法抓捕了瑟内尔达，他们显然很高兴把她作为战俘的悲伤和痛苦展示出来（图 2.13）。

图 2.13　罗马雕像，可能代表德国领袖阿米纽斯的妻子图瑟内尔达。它目前陈列在意大利佛罗伦萨的佣兵凉廊。

我们在欧洲艺术中几乎没有发现对女性乳房的色情意味，直到中世纪晚期，女性开始对男性炫耀乳沟。这是对乳房迷恋的起源——我们可以称之为“痴迷”——我们这个时代的典型特征。但是，事物的存在一定有它存在的理由。那是什么导致了这种文化变革的出现和传播呢？

为了找到解释，我们应该回到公元 5 世纪的罗马帝国灭亡的时代。帝国灭亡后，欧亚大陆西端人口重心北移。这是一个缓慢的过程，见证了北欧从一片人口稀少、游牧为主的土地转变到人口稠密、城市化的地区。当然，必须养活如此庞大的人口，而且在较早的时候，鱼类是北欧人饮食的基本要素。随着捕鱼业跟不上不断增长的人口，不仅是捕鱼数量的限制，而且没有能将鲜鱼运往内陆的制冷技术。所以，从中世纪晚期开始，北欧人的饮食主要依赖农产品：谷物、大麦、黑麦等。

这时，新的饮食方式出现了一个问题：缺乏维生素 D。人类非常需要这种维生素；缺乏它会导致佝偻病，骨质疏松和其他相关疾病。但是人体新陈代谢无法自己合成维生素 D，所以人类可以通过两种方式获得它：一是从含有它的食物中获得，通常是鱼，二是来自暴露于来自太阳的紫外线辐射时人体皮肤中发生的化学反应。

现在你看到在北欧无法获取足够维生素 D 的问题：是因为没有足够的阳光。这可能是我们远古克鲁马努人祖先面临的问题相同。大约 40 000 年前他们从非洲迁移到欧洲，原本是黑皮肤，后来变为白皮肤。苍白的皮肤更容易被紫外线辐射穿透，这有助于产生更多的维生素 D。但是在中世纪，北欧人已经无法使自己的肤色变得更白了，如果他们饮食中缺少鱼，他们肯定没有足够的维生素 D。我们缺乏古代的数据，但我们知道佝偻病直到如今一直是北欧的地方病。

获得更多维生素 D 的一种方法是将人的大部分皮肤暴露于太阳下。事实上，你可能已经注意到现代北欧人在夏天使用这种策略，他们往往衣着暴露、尽可能多地待在阳光下。但是在中世纪，着装规范比现在更严格。对于男人来说，当时和现在一样，穿着短裤或赤膊没有问题。但对于女性来说，就更难了：光腿被认为是有罪的，更不用说赤裸上身。女性可以做的就是裸露一部分皮肤，对于男性来说不算太罪恶的是：裸露她们的脖子和肩膀。

在中世纪，没有人知道维生素 D 是什么，以及它们与阳光和人体皮肤的关系。就像我们的克鲁马努人祖先迁移到欧洲时并没有计划让皮肤白皙一样，露肩的传播可能是尝试和试错的结果。随着时尚的变幻莫测，女性皮肤暴露越多在阳光下越能获得更多的维生素 D 供应，她们更健康，因此她们的行为被模仿。

这是低领时尚的开始，领子越来越低，直到它能显示女性的一部分乳沟为止。我们看到从那个时期开始，这种时尚在欧洲艺术中不断传播。在图中，你看到意大利画家乔瓦尼·迪·贝内代托·达·科莫1380 年的一个缩影示例[10]。这些女士是真实的时装模特，他们的着装是多么华丽，而且裸露着肩部。这是一种持续至今的全新时尚，我们现代人对女性身体的一个特定部位的迷恋起源于此（图 2.14）。

图 2.14　乔瓦尼·达·科莫 1380 年绘制的中世纪时尚缩影。

当然，我们向你展示的只是一个假设：我们没有中世纪晚期佝偻病发病率的定量数据，也没有当时关于露肩好处的统计数据。但是，据我们所知的维生素 D 和人类健康的关系，露肩一定程度上帮助了那个时候的北欧人，所以我们认为渔夫的诅咒是露肩习惯在欧洲传播的一个可能解释。我们让读者来决定这是否是一个正确的解释。

2.4　鸟眼队长救援！工业捕鱼的诞生

"Hello, sailor!"

——Captain Birds Eye

"你好，水手！"——鸟眼队长

冷冻鱼条是一种伴随我们很久的食物，现在是我们饮食文化的一部分，就像汉堡包和比萨一样。今天，鱼条可能有点过时，但你仍然可以在超市冷冻产品的货架上找到它们。几十年前，鱼条是一项了不起的创新发明：历史上的第一个冷冻消费产品。20 世纪 60 年代鱼条以现在的形式出现在美国，它们是第二次世界大战之前就已经开始的重大变革的一部分，并且在一个世纪左右的时间里，捕鱼从在家庭层面进行的地方行为转变为一项全球工业的巨大活动。

我们在前面的章节中讨论了我们所说的"渔夫的诅咒"，就是古代渔民通常无法保存捕到的鱼。因此，他们无法积累资本来投资以扩大他们的业务。随着现代食品保存技术的发展，事情发生了巨大变化。

这是一个通常伴随着新技术发生的有军事背景的故事。它始于拿破仑时代，当时欧洲的军队比之前庞大很多，拿破仑决定入侵俄罗斯（一个非常糟糕的想法，但那是另外一回事），他的军团组织由接近 70 万战士组成，更不用说配套的人了，从厨师到手艺人，包括一些的风流女子，总共是大约有 100 万人入侵俄罗斯。这样的一群人不可能仅仅通过早期军队的传统——劫掠当地的村庄而幸存下来。他们需要食品供应系统，这是一个大问题。拿破仑本人曾说过士兵们需要先解决温饱后才能前行。但是如何供应 100 万人（和妇女）在敌军领土行军呢？

早在拿破仑开始参加俄国战役之前，就表彰了一个用来供应军队食品保存的创新方法。1806 年，一位名叫尼古拉斯·阿佩尔的法国厨师提出了一种在密封容器内加热食物的方法。阿佩尔并不知道路易斯巴斯德从 1857 年开始才发表的细菌理论，但他用自己的方法猜对了：在密封容器中加热食物可以杀死已经存在于食物中的细菌，并使外部细菌远离。1810 年，阿佩尔因他的发明获奖，但它仍处于实验阶段。1812 年，没有充足的食物供应下军团组织冒险进入俄罗斯平原。众所周知，这场战役以成千上万的士兵在冬季从俄罗斯撤退时死于饥饿和寒冷而告终。这就是战争中发生的事情。

多年来，阿佩尔保存食物的方法逐渐被改进并工业化。最初，阿佩尔使用的是玻璃瓶，但玻璃瓶很快就被更轻、更不易碎的金属取代。在一段时间里，士兵们使用镀锌钢和铅容器，但锌和铅对人体有毒。所以，最好的解决方案是至今仍在使用的镀锡钢罐。锡是无毒的，但缺点是与铁形成“电化学电偶”，在有氧的情况下迅速腐蚀。这就是为什么只要有一个开口很快就会生锈，但是，只要它是密封的，就会保持闪亮。顺便提一下，“罐头”这个词来自一个古老的意思是“喝水的杯子”一词。故事就这样开始了。

食品罐头作为军事技术始于克里米亚战争（1853—1856），这是第一次士兵主要食用罐头食品的战争。但这并没有帮助更多人从残酷战役中幸存下来，此战役中可能因疾病引起的死亡比由子弹和炮弹引起的更多。总共有将近 100 万的伤亡，原因在当时可能并不清楚，直到今天我们依然不清楚。无论如何，当时罐头技术还处于初始阶段，似乎除了刺刀之外没有其他工具可以打开它们。在 1858 年，以斯拉 · J · 华纳 发明了第一台开罐器，但任务仍然有些艰巨。你可能还记得杰罗姆 · 卡普拉杰罗姆写的一部著名的《船上的三个人》（1889）书中的一个场景，主角试图打开一罐菠萝罐头，但找不到合适的工具。最终，他们说“我们可以把它捏成几何学中的每一种形状，但我们无法在其中打洞”。但是，随着时间的推移，锡罐成为人们烹饪习惯中司空见惯的事情，这对渔业产生了影响。在 19 世纪下半叶以来，世界各地开始生产鱼罐头，金枪鱼、沙丁鱼和鲑鱼开始罐装并在各地销售（图 2.15）。

鱼罐头是消除渔夫诅咒的一大进步。现在，任何种类的鱼都能以合理的成本长期保存，这将捕鱼从小型手工艺转变为工业活动。但仍然有一个问题：罐头厂都在陆地上，这限制了捕鱼船的范围。他们不得不在短时间内返回港口，最多一两天时间，在鱼还新鲜的时候卸货装罐。渔民带些冰上船可以延长船只的航程，但这不是最终的解决方案。也许将罐装设备带到捕鱼船上即可解决问题，但从没有人这样做，所有罐头厂都建在陆上。你还记得斯坦贝克 1945 年的小说《罐

图 2.15　19 世纪末到 20 世纪 60 年代活跃在法国的“Amieux-Frères”公司的广告。图片显示在所有类型的腌制品中该公司生产沙丁鱼罐头（“boîtes”）。图片没有日期，但样式表明它大约在 19 世纪末或 20 世纪初。

头厂街》吗？它准确地描述了这个工业体系。很难说为什么从来没有建造过“罐头船”，也许设备太重而无法携带上船，或者可能是罐头加工需要太多工人。不管怎样，鱼罐头只是捕鱼工业进步的中间步骤。直到 20 世纪随着制冷技术的发展渔民的诅咒才完全消失。

19 世纪末，第一个现代冰箱出现。多年来，他们一直是复杂和昂贵的机器，无法与冬天储存，夏天出售的冰竞争。但技术的进步势不可挡，新的制冷技术逐渐取代了旧的冰盒子。实用且高效的冰箱 20 世纪 10 年代已经上市，直到 20 世纪 30 年代它们才在美国真正的繁荣起来。在欧洲，冰箱的繁荣更晚一些，是在战后。这是一个可以保存易腐烂的食物数天的划时代变化，鱼不再像客人一样 3 天后发臭。与客

人不同，鱼可以存放在冰箱里！

但即使有一个好的冰箱，鱼也不能保存很长时间。也许3天后没有变坏，但很快就失去了鱼的鲜味。真正的制冷革命伴随着工业“深度冷冻”技术的发展而来。深度冷冻是一种复杂的技术，它使用空气快速冷冻有机组织，使内部形成很小的冰晶，与冷却速度较慢的技术相比这样就不会破坏食物的生物结构。所以，冷冻食品的味道与新鲜产品相比几乎没有变化。顺便说一句，这就是当冷冻食品被放回室温后，永远不要放回冰箱里重新冷冻的原因。没有工业冷冻设备，这样做会形成破坏细胞结构的大冰晶，使食物失去风味和特性。还要注意的是小晶体很小，但仍然足以杀死细菌，所以冷冻——如果适当操作的话，是具有对食物进行消毒的额外优势。

新的深度冷冻技术注定对渔业和渔业市场产生深远影响。虽然不可能在船上罐装鱼，但现在可以冷冻它们，不需要鱼去皮，去内脏，切成薄片的重型设备。鱼暴露在低温气流下会迅速地冻结。任何鱼都可以这样处理，当时盛产的北大西洋鳕鱼是第一个在船上进行大规模冷冻的鱼类。此时，渔船不再局限于1天左右航程的小型沿海船。它成为一艘真正的远洋船，深海航行数周或数月，直到捕鱼和冻鱼的货舱满了。

仅靠新技术很少能引发一场革命：新产品必须有市场。在这种情况下，食品市场推出冷冻鱼是真正的市场杰作。始于20世纪30年代的在超市销售冷冻鱼的初步尝试是失败的。

原因之一是鱼被冷冻成块状，重达几公斤。你今天仍然可以购买这些冰块，但当时并没有成功卖给家庭主妇。家里没有空间将这些鱼储存在合适的温度，并且家里没有可用的简单工具将其分解为可管理的部分。还有另一个问题：几乎在欧洲和美国的任何地方，鱼被认为是低等食品。还有一些中世纪观念是鱼只能在星期五作为忏悔物来吃。鱼比肉更容易消化，因此没有得到同样的饱腹感。简而言之，真正的男人吃牛排，而不是鲭鱼。

为了克服这个问题，20 世纪 50 年代初，成功的解决方法来自于马萨诸塞州市场的 3 家公司：戈顿、鸟眼和富勒姆兄弟。这些公司凭借一种新产品的营销计划成为世界领导者，这种新产品在欧洲被称为“鱼条”，在美国被称为“鱼棒”。这个想法是使用一个自动系统将冷冻的鱼块锯切成大小均匀的棒，然后将这些棒裹上面包屑，通过油炸机，只烹饪了外部留下完好无损的冷冻内部。此时，产品再次被冷藏，准备出售。一个简单实用的包装，放在烤箱里几分钟就可以吃了（图 2.16）。

商业产品的成功主要取决于选择的目标是否合适，这是鱼条取得惊人成功的关键：它们作为女性的方便食品推广。战前成功女性的形象是一名全职家庭主妇，但现在时代变了。在美国战争期间，成功女性的典范是“铆工露斯”，一个强壮而独立的女人，她取代了她丈夫机械行业的工作，不想回家就留在厨房。但男人并没有接手家庭厨师的工作：准备好餐桌上的食物仍然是家中女性的任务。所以，职业女性需要价格合理、简单、易于制备，且对儿童有吸引力的产品。

图 2.16　可能是 20 世纪 50 年代鸟眼鱼条的复古广告。注意背景中穿着绿色毛衣的“鸟眼船长”祖父。

丈夫无论如何都要适应。这正是鱼条所提供的：最初的口号是“加热即可食用”（图 2.17）。

新产品的广告是基于在美国鸟眼船长的特点。在欧洲，同样的形象标题是来自英国冷冻食品品牌的名字——冰屋船长。在意大利，它被称为芬德斯船长，在西班牙被称为佩斯

图 2.17 J·霍华德·米勒绘制的 1942 年著名的“铆工露斯”图片。这位女士当然没有欲望想过坐在厨房里并花时间清洗鱼！

卡拉船长，但葡萄牙采用了英国名字，称它为冰屋船长。出于某种原因，船长从来没有在欧洲和美国以外的地方取得过很大成功，但是，在这些地区他很知名。他由许多不同的演员扮演过，但他曾经是（现在仍然是）留着白胡子的温厚形象：一位乘着船而不是使用雪橇旅行的圣诞老人。这则广告的目标不是儿童，而是他们的母亲，她们被孩子们和他们喜欢的鱼条在一起的快乐画面所吸引，画面中还有父亲般的或祖父般的船长照顾着他们。优秀的营销策略支持好产品：这是一个巨大的成功。1953 年，仅用了几个月的时间，戈顿鱼条就超过了非罐装鱼市场份额的 10%[11]。

冷冻鱼的传奇始于半个多世纪前，一直延续到今天。它是一项根本性变革，将渔业从低强度沿海行业转变为一个产业集群，在那里不再有渔民，只有工人。而且，正如一个行业发展时经常发生的那样，往往会过度开发使用资源。因为过度捕捞，北海鳕鱼不再存在。但是你仍然可以在超市找到来自世界其他海域的鳕鱼条。只要在海洋中有鳕鱼，就会继续增长。现在，各种各样的鱼都被准备好并冷冻在捕获它们的船上。只要海洋里还有鱼，这个传奇就会继续下去。但它能持续多久呢？

第三章　与海洋的战争

Chapter

03.

The

War

Against the Sea

3.1 白鲸：屠杀鲸群

I freely assert, that the cosmopolite philosopher cannot, for his life, point out one single peaceful influence, which within the last 60 years has operated more potentially upon the whole broad world, taken in one aggregate, than the high and mighty business of whaling. One way and another, it has begotten events so remarkable in themselves, and so continuously momentous in their sequential issues, that whaling may well be regarded as that Egyptian mother, who bore offspring themselves pregnant from her womb.

——Herman Melville, Moby Dick-Chapter 24

我敢断言，世上的哲人们终其一生都不能找到任何一个能够与势如破竹的捕鲸业比拟的和平力量，在过去60年里，强有力地影响着这广阔的世界。无论如何，捕鲸业已催生出一些本身便是异乎寻常的事件，而就这些催生出的事件引发的问题更是有持续的重要影响，因此，捕鲸业可以看作那位从自己胎里便孕育出她的儿女的埃及母亲。（图3.1）

——赫尔曼·梅尔维尔，《白鲸》第24章

图 3.1　一张人类正在与鲸鱼奋战的图片。这张木版画由日本画家歌川国芳（1798—1861）创作，展示了著名的战士宫本武藏用剑与鲸鱼厮杀的场景。这仅仅是一个传说，但也能让我们或多或少地了解到日本人对待鲸鱼及捕鲸的态度。

当一头鲸鱼是什么感觉？这个问题我们难以想象。我们可以很轻易地想象出在陆地上生活的动物体内是什么样子，比如猫。这意味着你要想象在猫的高度，透过猫的眼睛来看世界。你甚至不难想象自己正在追赶一只老鼠抑或在沙发上发出呼噜声。但在鲸鱼体内呢？你能用那长在巨大头部两侧的小眼睛看到什么？你又能通过那被称为耳朵的两个小洞听到什么声音呢？

对大多数人而言，这些问题似乎毫无意义：在他们眼中，鲸鱼仅仅是一种经济资源罢了。鲸鱼的命运只是被杀掉后加工成各色产品，这些产品能在市场中售卖，仅此而已。但自 20 世纪以来出现了一种不同的观点：鲸鱼不仅仅是一类经济产品，而是与我们共同生活在地球上，理应受到尊重的一种生物。这一观点影响甚微，但其起源可追溯至赫尔曼·梅尔维尔 1851 年发表的《白鲸》。诸多缘由使梅尔维尔成为一个特别的人。他是水手，也是作家，也是知识分子，他并不是现代意义上的生态学家，但他是一位视野开阔的人，有着丰富的经历，涉猎诸多领域。他也曾是一名捕鲸人，还知道捕鲸行业中的交易伎俩。他著作的《白鲸》中能够找到他在旅途中的所有见闻经历，这是一本冒险与博学相互交织的史诗，在今日仍让我们沉醉。

常言道，要想成为一个优秀的作家，就需要对自己所写的主题真正感兴趣，这对梅尔维尔而言正是如此。他对鲸鱼很感兴趣；鲸鱼让他如此着迷，以至于他围绕着疯狂的亚哈船长和他对于白鲸莫比迪克痴迷的故事构筑了他的小说。梅尔维尔在小说第 74 章中，是如此描写鲸鱼的。你能够感受到梅尔维尔独特的视角吗？他将他自己“放进鲸鱼的头中”，尝试着想象在那个视角能看到怎样的世界。在他之前从未有人如此尝试过：

在脑袋两侧尽后边的靠下的位置，靠近鲸鱼嘴角的两侧，如果你细细地寻找，那你最后能找到一只没有睫毛的眼睛，你还会以为这是一只小马驹的眼睛，与其硕大的头颅不成比例。

现在，从鲸鱼双眼处于这如此偏侧的奇特视角来看，很显然，它永远不能看见正前方和正后方的物体。简单来说，鲸鱼眼睛所处的位置与人耳朵的位置相仿；那么你就可以想象一下你所面临的境况了：你的眼睛长在了耳朵的位置，你得从两侧去看事物，你会有怎样的感受。你将会发现你只有前后 30 度左右的横向视野。如果你不共戴天的敌人在光天化日之下拿着匕首向你走来，或是从你的身后偷袭你，你都看不见他。总之，你可以说有两个“后背”，但同时也有两个侧前方的视角：说到底，决定一个人前方的不是他的眼睛又是什么？

鲸鱼的感知是最近刚开始研究的一个问题，而研究表明鲸类并不是半瞎的笨重野兽。它们的确拥有可怜的视野，但它们能够利用极其灵敏的超声波声呐监测系统来弥补视野上的缺陷。鲸鱼的视野范围远远超过人的视野范围：一头鲸鱼能够在人类裸眼视力难以想象到的极远的距离看到事物。而鲸鱼巨大的球根状头颅的存在是合情合理的。这是鲸鱼经历亿万年的演化后的产物：在它们头部中储藏的鲸脑油，那些人类异常珍视的清亮的油脂，是用来增强它们灵敏的声呐系统接收声波效率的。海豚和其他海洋哺乳动物也拥有相同的结构。即使鲸类不靠耳朵来感知，它们也能对周遭的环境了如指掌。

拥有着如此高级的感知系统，那也就不难接受鲸鱼是一类充满智慧的物种了。它们是以不同数量成群生活的群居动物，而且也与包括人类在内的陆生哺乳动物一样有保护幼年个体的习性。鲸鱼们通过长而复杂的声音序列彼此交流，这些信息人类能听见但并不能理解。那么，它们到底有多聪明呢？它们能与人类最宝贵的财产——（有时）理性的大脑相匹敌吗？我们只能说，如果鲸鱼与我们一样聪明，抑或更加聪明，那么它们的智慧与我们的智慧截然不同。我们能够用什么样的测试去评估呢？我们并不知道。我们只知道鲸鱼确实是与我们相异的生物。数十年来，我们一直在其他星球寻找外星生命而不得。但或许，有一类外星智能生命就在地球海表之下生生不息。

插曲：像鲸鱼一样感知

当我们对公众展示我们的研究内容时，我们常尝试着用各种方式让我们的内容更加生动。我们发现鲸鱼是一类相当吸引人的话题，人们对鲸鱼以及与其相关的所有事物感兴趣。播放鲸鱼的声音是一个引起人们兴趣的好办法——它们的声音在网上很容易找到。随后，我们有时会播放旧影片中的片段，1956 年的电影《白鲸记》是一个很好的选择，格里高利 · 派克饰演亚哈船长。这部电影将捕鲸过程中的兴奋体验刻画得淋漓尽致：人与鲸的各种搏斗，翻滚的大浪，飞溅的鲜血，还有白鲸撞击“裴廓德号”的场面。电影中令人兴奋的氛围与那些在海中悠哉悠哉遨游的鲸鱼网络片段或许会让人感到巨大的反差感。

然后，我们可能会对观众提问，当一头鲸鱼会是什么感觉。我们会让志愿者到台上来模拟捕鲸的过程。让人讶异的是，女性对鲸鱼的角色更感兴趣，而男性更对捕鲸者的感觉感同身受——这种偏好背后似乎有着某种逻辑！这一过程还包括一个简短的表演，其中，两个参与者分别打扮成亚哈船长和莫比迪克进行表演（图 3.2）。

扮演亚哈船长的参与者有着一顶高帽子和长矛即可，要是能穿着白衬衫那就更加合适了。你能从图片中看到在 2019 年佛罗伦萨的一场展示中打扮成捕鲸人的尤格·巴迪。而扮演鲸鱼的参与者有着稍稍复杂的装束，我们并不打算让参与者看起来像一头鲸鱼，我们希望她像鲸鱼一样感知。那么，首先，参与者会被要求穿上一件很沉的大衣以模拟鲸鱼的鲸脂，紧随其后的当然是她 / 他穿上大衣时胳膊不能插在袖子里：鲸鱼哪有胳膊呀（图 3.3）！

为了更好地模拟鲸鱼厚重的隔热层，饰演鲸鱼的参与者需要戴上一顶羊毛帽，有时候是一条围巾。这

图 3.2　在 2019 年的表演中饰演亚哈船长的尤格·巴迪。照片由克里斯蒂娜·马卡龙提供。

图 3.3　在 2019 年一场体验剧中饰演鲸鱼的伊拉莉亚·佩利西克。

> 还没完：我们已经讲过鲸鱼有着很差的视力，所以我们让参与者戴上降低视力的眼镜。最后，参与者戴上一个帽灯以模拟鲸鱼的声呐。不管她 / 他能不能看见，帽灯都会因她 / 他往前方发送的信号返回一个映像。房间内的灯光渐暗，这个可怜的，像鲸鱼一样的生物被抛下，而她 / 他需要试着躲开邪恶的捕鲸人和他的长矛。
>
> 你能够在图片中看到打扮成鲸鱼的伊拉莉亚 · 佩利西克。那些体验过这个小剧场的人们说这令人“大开眼界”，即便这一表达用在鲸鱼身上不太准确，这应该被定义为“大开声呐界！”

作为两种哺乳动物，人类和鲸类彼此相差甚远。然而，就像如今的哺乳动物一般，它们拥有着同样的祖先：一只在 6000 万年前的恐龙时代生活的毛茸茸的生物，它们在白垩纪末期恐龙永远消失的大灾难中幸存了下来。在这几乎难以想象的数千万年的时间里，这种古老的多毛生物的后代进入了海洋，并适应了水下的环境。大约 4 千万年前，地球海洋中已经充斥着海洋哺乳动物。在今天的埃及有个被称为“鲸之谷”（Wadi El Hitan）的地方，现在是联合国教科文组织世界遗产地，在那里你能找到数以百计的被明确鉴定为鲸类的骨骼，尽管它们的体型并不如现存鲸类大。斗转星移，这些古老的鲸类演化出了今时今日存活在海洋中的鲸鱼。

多数鲸鱼有着相似的特征：它们是优雅而精致的生物，

它们已非常适应水下的生活，尽管它们需要时不时地浮出水面呼吸。但浮出水面呼吸并不是它们的缺陷，这是它们最主要的财富。与大气相比，海水中氧浓度很低，而有些海域中氧气非常稀薄（“低氧”或“缺氧”）以至于没有鱼类能在那生活。鲸鱼可以通过吸入空气中的氧气来加速新陈代谢，并将体温保持在暖血哺乳动物的水平。这些特点使鲸鱼和其他海洋哺乳动物能够在同等大小的鱼群周围游来游去，它们有着更高的代谢效率。这使得它们成为优秀的狩猎者。它们不仅是狩猎者，在深海中潜游，鲸类会使营养物质扩散到洋流无法触及的海域。鲸鱼是海洋中真正的生命提供者，至少在人类开始灭绝它们之前是这样。一些古老的记录告诉我们海洋中曾有难以想象的大量鲸鱼生存，其数量之巨大以至于船只会与游泳的鲸鱼相撞而不能向前航行。时至今日，这些报告听起来近乎难以想象，我们更倾向于认为这尽是些夸张的童话故事。但这确实可能是海洋曾经的样子：曾几何时，鲸鱼是这片蔚蓝海洋的真正主宰。

鲸类在海洋中繁衍生息的同一时间，地球另一半区域的陆地上，另一类更新的物种的演化正在缓缓地进行着。陆地上的动物不可能变得像鲸鱼那么大，重量在陆地上比在海洋中是一个更重要的限制。但许多陆生哺乳动物也曾生长到了接近陆生生物的生理极限。时至今日，大象仍是那些远古种类中留存的一个范例。但同时，有些完全不一样的变化正在古代的非洲丛林中进行着。在白垩纪时期，一些远古哺乳动物的后代开始在树上生活，成为树栖的生物。它们的生活方式要求身体灵活，视野开阔，还需要一定的灵智。它们进化出了更大的颅脑体积和更复杂的可辨别颜色的眼睛，这是它们用来找到以水果为主的食物所必不可少的工具，这种生物是包括猴子和猿猴在内的灵长目进化的顺序。这些灵长目中的一些个体获得了相当复杂的演化后成了我们如今称为“古人类”的亚科，这也包括我们人类，亦即“智人”。如今，人类是这个星球上最成功的物种，至少就个体数和总质量而言。

鲸类和灵长目在百万年的时间长河中完全没有接触。它们生活的环境如此迥异，以至于它们不仅不能接触到对方，它们也不知道彼此的存在。鲸鱼复杂的声呐系统不能探测到陆地上的情况，它们最多只能接收到正在游泳的灵长目传来的回声，但这种情况极为罕见，且无论如何，鲸鱼对此毫不关心，从古至今它们从未把人类当成食物来源。对灵长类而言，它们或许能时不时地看到鲸鱼呼吸时引发的喷泉或者发现搁浅的死鲸。就后者的情况，它们或许会把这当作食物，但这种情况肯定也不同寻常。

当智人开始向海洋扩张时，局势发生了改变。人类与鲸鱼相遇了，而后长达一个世纪之久的战争开始了，鲸类是这场战争的失败者。引起这场战争的主要原因是人类发现海洋哺乳动物能够提供大量的脂肪和油脂，这些都可用作燃料。

所有活着的生物都含有一定量的脂类：这是生物代谢活动中不可或缺的一部分。植物也不例外，但它们不像动物一样以脂肪组织的形式存储脂类。种子内正在发芽的种胚常以脂类作为能量来源。有时果实会储存一些额外的脂质以吸引草食类动物来散播植物的种子，鳄梨就是一个例子。总的来说，植物不是脂肪和油脂的优质来源，但从远古时代起，它们就被用于获取脂类，也许许多种类的植物被人类以这种方式选择，以产生比野生植物更多的脂肪。

从高油脂类水果中提取油脂的传统方法之一仅仅是将果实堆放在一起暴晒后收集果堆渗出的油脂。现在，人们依旧用这种方法来提取棕榈油。提取油脂的更常见方法是机械冷榨技术。在古代，蔬菜油是一类享有盛名的产品，但从不以高产量或低价著称。动物脂肪用作液体燃料更常见也更加廉价。从动物身上获取油脂不能用冷榨技术，新鲜的动物尸体只会产生血水和黏稠的液体。取而代之的是一种被称为“熔炼”的技术。这种技术先使脂肪在高温下融化，继而让油脂从动物体内流出。如果你有在烤炉上烤香肠的经验，那你一定见过在炙烤过程中油脂滴落的场景。这一过程能在更大规模地运用，甚至于达到工业应用水平。这种方法相对简单，但产出过程有着非常难闻的味道。

那么，动物界中最优的脂肪来源又是什么呢？这就回到了那个一如既往的成本和收益的问题。我们需要的是体内既含有大量脂肪，又容易被捕杀的生物。鱼类是一类具有可行性的目标，它们也含有油脂——你可能会想到“鱼肝油”，一类大约在一个世纪前开始流行的对于佝偻病有着极佳疗效的维生素。遗憾的是，包括鳕鱼在内的大多数鱼类的油脂含量相当低，这就是鱼肝油价格如此高昂的原因。鱼类是冷血动物，它们并不需要一层脂肪来保持体温恒定。一些鱼类含脂量高于其他品种，确实存在那么一类被称为“油性鱼”的鱼类，主要是因为它们有着长途跋涉的习性，逆河流而上，到达交配和繁殖的水域的洄游正是其中的代表性行为。这些鱼类需要油脂作为新陈代谢的储能物质，而不是隔热层。但这种鱼类，例如鲑鱼和鲟鱼，它们作为食物的价值远胜于作为油脂来源的价值。其他一些生活在寒冷环境中的鱼类，如北冰洋的鱼类，利用油脂作为一类维持新陈代谢的抗寒物质，但抓到这些鱼类非常困难，这当然对古代的捕鱼者而言也非常困难。总而言之，鱼油基本不作为燃料被利用，用其作为燃料是极大的浪费。

对于海洋哺乳动物以及企鹅等海鸟而言，情况截然不同。它们是恒温动物，需要保持体内温度在哺乳动物的典型值，即 36—38 摄氏度。这可不是一个小问题：海洋环境的温度常常比哺乳动物的身体冷得多，而水传导热量的效率优于空气。这就是在海中进行长距离游泳的人难以存活的原因。人类潜水员开发出了一套人造的隔热层，一套“防寒泳衣”，这种泳衣用被称为氯丁橡胶合成的多聚体材料特制，海洋哺乳动物和鸟类也使用类似的保温层，但它们的保温层是由被称为“海兽油”的皮下脂肪构成的。这就使得海洋哺乳动物和海鸟成为油脂的优质资源。海兽油是脂肪的优质来源，其丰度在自然界中如此广泛，以致其价格相当低廉。因此，命运的奇妙之处就在于，保证海洋哺乳动物在海洋中繁衍生息数百万年的海兽油，同时也是它们厄运的起源，因为它们变成了人类经济的宝贵产品。顺带一提，人类也可以作为燃料等油脂的良好来源，但幸运的是并没有人这么做，至少没有被列为正规途径。但厄普顿·辛克莱在他的小说《丛林》(1906)中描述了一些在工厂中工作的熔炼工人最后也将自己熔炼了。这只是小说的内容，或者至少我们希望仅此而已。

插曲：童女和鲸鱼

你不会在基督教的福音书中找到关于鲸鱼的部分，但它们可能只被间接地提到过。你还记得马太福音中关于 10 个童女的寓言吗，其中 5 个是聪明人而 5 个是愚人。原文是这样的：

那时，天国好比 10 个童女，拿着灯出去迎接新郎。其中有 5 个是聪明的，而 5 个是愚拙的。愚拙的童女拿着灯却没有灯油，而聪明的童女不仅有灯，还在器皿中准备了灯油。新郎没有按照约定的时间到来，这些童女都打盹睡着了。半夜有人喊道："新郎来了，你们出来迎接他。"那些童女就都起来点灯。愚拙童女的对聪明的童女说："请分点油给我们，我们的灯要灭了。"但聪明的童女回答说："我们的灯油恐怕不够你我共用，不如你们自己到卖油的那里去买一些。"愚拙的童女们去买灯油的时候，新郎到了。准备好了的童女同他进门成婚，门也随即关上（图 3.4）。

这是一个有明显象征意义的故事，但也是古代世界的一个迷人缩影，尽管这个故事对我们来说还没有遥远到我们难以理解的程度。或许现在还有活着的老农夫还能记得用着与福音书的描述中相似的油灯的时光。这是一项古老的技术，可追溯到旧石器时代晚期，那时的灯仅用天然中空的石块制作，石块中空的部分放上一小块动物脂肪和一条灯芯。福音书中童女的灯

图 3.4 一盏古代的罗马油灯。注意油灯中间补充灯油的洞和用于放置灯芯的稍大的洞。福音书中描述的童女们使用的灯可能与这盏灯相似。

显然更加复杂，但原理非常相近。它们由密封的容器制成，陶是比较常见的材料，但也有用青铜或铜制作的灯。容器能够通过小孔来补充燃料：只有液态的燃料能够做到。

如今，在石油时代，我们意识到液体燃料的重要性，对我们来说燃油非常常见且储量丰富，但在古代并不是这样。油是昂贵的产品，人们都非常节俭地使用，从童女的故事中那些没有准备足够灯油的童女们遇到的困难中就不难看出来。但从前的人们用的是什么种类的油呢？对福音书的作者和读者而言都是显而易见的，但对我们而言并不是这样。童女们用的是橄榄油吗？可能是。橄榄油确实在古代的地中海地区就已被广泛使用了。但橄榄油也是一类珍贵的物品，它有食用价值，在还没有肥皂的时代，罗马人还用橄榄油来清洁他们的皮肤。古代的人们很有可能用橄榄油来点灯，但有些不那么值钱的物品或许也能够胜任灯油的工作。不可食用的蓖麻油或者其他植物油也可能被用作灯油。也有记载称海绵被用来收集从深海沉积物中滤出到海中的矿物油。但这也有另一个可能：为什么不能是鲸油呢？

在罗马时代的地中海海域确实有鲸鱼存在。凯撒利亚的普罗柯比（基督纪元 500—565 年）记载了拜占庭的贝利撒留将军试图杀死一头巨大的鲸鱼——可能是一头抹香鲸，这吓坏了海上的人们。贝利撒留将军失败了，但相关的记载让人很感兴趣，记载称他用一艘船，船上安装着可射出弩箭的石弩，这是一种典型的罗马武器。这种石弩和现代的鱼枪炮作用相同，可能对鲸鱼也有着同等的杀伤力。拥有这种武器的罗马人已经有了完美的捕鲸装备。

我们还不曾讲述除了地中海区域中普罗柯比之外的其他捕鲸故事，但西班牙加迪斯大学的达里奥·伯纳尔·卡索拉研究组最近的一些研究报导了古罗马人曾在靠近海边的位置建造过熔炼工厂的考古学证据[12]。古罗马人可能用这些工厂来生产鱼油，但更可能的是他们利用了近海鲸鱼（露脊鲸和灰鲸）这一更富含油脂的资源。这个发现或许能解释为什么这些沿海鲸类在罗马时期从地中海区域消失了：它们因被猎杀而灭绝了。

我们回到马太福音中童女的故事来，她们的故事发生在罗马人熔炼厂仍活跃在地中海区域的时期。远早于梅尔维尔创作《白鲸》，鲸油重新变得流行的19世纪前，这些童女极有可能就开始用鲸油作为她们的灯油了。

我们不能明确地知道人类何时开始捕杀鲸鱼，但我们知道这一活动早在几千年前的北欧时期就开始了。那时的捕鲸人用顶端为石头制成的鱼枪，使用配以平桨或桨叶的皮船。就算只用这些简单的工具，他们也能够猎杀成吨重的生物并将它们拖到岸边。原住民捕鲸在今时今日也在持续着，不同的是捕鲸人用上了钢制的鱼枪，玻璃纤维制成的船，装备了舷外发动机而不是船桨。古代捕鲸人的小船不能够离岸太远或者到达又冷又遥远的区域。所以如果鲸类在远离海岸、偏远的海岛周围，或者寒冷的区域，它们就能逃过人类的捕杀而保证自身安全。这给了海洋哺乳动物休养生息的喘息机会，这种机会是陆地大型动物不曾享有的。这就是许多陆生动物被人类赶尽杀绝，而海洋生物仍能存活的原因，至少它们能多存活一段时间。

在中世纪时期，形势对鲸群而言开始变得恶劣起来。正如常常发生的一样，大洋捕鲸的发展是受到技术和经济因素两者相结合的产物。在1300年代中期，欧洲经济在黑死病带来的危机后反弹，这使得研发新的造船技术成为可能。船只变得足够大，具备航行到离岸非常遥远的海域的条件，哥伦布得以在1492年航行到美洲大陆。与此同时，新的船能够装载小的捕鲸船。这使得小船能在自身难以想象的离岸非常远的区域捕杀鲸鱼。

有了这些技术进展，一艘捕鲸船能够在海中持续航行一年或者更长的时间，捕抓鲸鱼，割掉鲸脂，用船上携带的可憎的提炼锅将鲸脂油提炼沸后的油，灌满一个又一个桶。如果捕鲸人能捕到抹香鲸，它的抹香鲸油会有额外的奖励。渔船只在狩猎季节完全结束后才会回到港口卸下鲸油。值得注意的是，人们捕杀鲸鱼仅仅为了他们的鲸油，鲸鱼的其余部分都会被随意丢弃。鲸鱼肉几乎没有市场价值，如果长时间保存，无论如何都会变质。鲸鱼肉最多在船上吃掉你或许能想到《白鲸》中的场景，“裴廓德号”的二副斯塔布吩咐船上的厨子给他准备一块刚从死鲸身上切下来的鲸肉。

15 世纪，西班牙北部和法国南部的巴斯克人开始将捕鲸从一项沿海渔民从事的地方活动转变为一种工业企业，创造了一个持续盈利了几个世纪的海洋捕鲸业的垄断地位。这一现象最终被西班牙国王菲利普二世打破，他在 1588 年征召了整个巴斯克捕鲸船队加入了他入侵英格兰的拙劣行动。许多巴斯克捕鲸船与西班牙战船一同沉入海底，巴斯克捕鲸业就此一蹶不振，不复往日辉煌。但人们与鲸鱼的战争并没有暂停太久。

新的一轮大洋捕鲸运动随着欧洲工业经济的兴起而展开。这就是一个起源于 18 世纪末期的故事，在当时的北欧（主要是英格兰和法国），人们开始利用一种在地上储量丰富的奇异的黑色的石头作为燃料。在英格兰，这些石头被称作“海煤”，而后简化为“煤”。这是一个重大的历史性变化。对此，英国经济学家威廉·杰文斯有这么一番言论，“几乎所有的事情都因为煤的存在而变得简单可行了，若是失去了煤，我们就会回到那艰苦的贫困时期”。煤为欧洲的经济崛起提供了如此大的提振，以至于欧洲国家可以主宰整个世界，至少在煤炭称霸世界的时期是如此。

但煤炭也有一个问题：它是固体而不能作为液态燃料被利用，液化煤炭的技术在20世纪才出现，这一过程被称为费托工艺。所以，在19世纪，一种将煤转化为油的技术出现了：捕鲸业。19世纪的捕鲸船不用煤炭作为燃料——它们用更为廉价的风帆作为动力。但用于熔炼鲸油的锅使用煤炭作为燃料。更重要的是，正是由于整个经济体用煤炭作为燃料，才使得大洋捕鲸业获得了足够的资金以创建空前庞大规模的捕鲸船队。

当工业经济的时代来临，鲸鱼便很少被提及了，但它们仍是欧洲工业发展的受害者，就如同那些在遥远的大洲上生存的非欧洲人一样。在历史巨大的车轮下，非欧洲的人们与鲸鱼们被欧洲人攻击消灭，被同样粗暴地对待，仅有一点不同：活着的人可以作为奴隶产生经济价值，而活着的鲸鱼并没有价值。海洋哺乳动物与鸟类也难逃厄运；这些动物中，有的因皮毛有价值，有的因身上的脂肪而有价值。不计其数的动物被杀死以提取脂肪用于抵御寒冷的。大多数情况下，猎人们对资本主义的精神有着透彻的理解，他们提炼油脂最快捷最经济的方式就是将活着的动物直接扔进提炼锅中。鲸鱼的体型远远大于提炼锅，但海豹和企鹅等小型动物似乎就是为提炼锅而生的，就如法利·莫厄特在《海上屠夫》（1980）中描述的那样。

鲸类在19世纪被消灭的故事已经被讲过很多次了，但数据展示或许是让人印象最深刻的表述了。1878年，亚历山大·斯达巴克写了一本《美国鲸鱼渔业史》，并在其中列举了一个又一个有关捕鲸业的性能及产量的表格。现在，我们更倾向于用笛卡尔积图而不是表格的形式进行数据可视化，如果我们将表格中的数据进行可视化，我们能把斯达巴克的数据表画出来，鲸鱼油的产量呈一个钟形曲线，在19世纪中期达到顶峰随后在19世纪末跌落到0左右。据估计，在捕鲸周期开始时海中可能有成千上万的雌鲸，而在这个捕鲸周期的末尾，露脊鲸这个物种仅有大约60头雌鲸在海中存活。即便在如今，海中也仅有约100头露脊鲸存活，这一物种仍在灭绝的边缘（图3.5）。

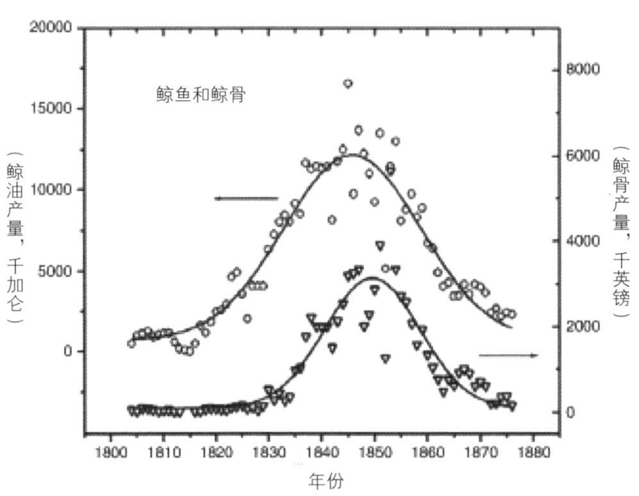

图3.5　19世纪美国捕鲸业的大周期。两条曲线展示了鲸油，捕鲸业的主要产物，和用作紧身胸衣硬化剂的“鲸骨”。数据来源于亚历山大·斯达巴克《美国鲸鱼渔业史（1878）》[16]。

让人吃惊的是，不仅仅是古代的捕鲸人意识不到他们正在破坏着正在开发的资源，现代的经济学者似乎也没能意识到鲸鱼数量减少可能引发的问题。斯达巴克在书中写到，一般而言，经济学者们只会把这一衰减归因于经济因素：市场需求降低，资金投入不足，还有对于鲸油的喜好下降——归根结底，所有解释的因素都不能比那些认为鲸鱼们变得更加“胆小”的捕鲸人给出的解释更好。这一解释的一个版本是，化石燃料制成的煤油抢夺走了鲸油用作灯油的主要市场，使得捕鲸业难以为继。这一理论往往伴随着对人类技术的高度赞扬，人类技术不仅创造出了最好的产品，还让我们能够拯救鲸鱼。

首先，鲸鱼被“拯救”这一说法就不是真的。包括露脊鲸在内的许多物种数量锐减，以至于即使捕鲸者停止捕杀它们，它们的数量也无法恢复到以前的水平，仍然面临灭绝的危险。其次，煤油拯救了鲸鱼这一点也不是真的。煤油是在捕鲸业已经开始衰退时才开始推广的。情况更可能是鲸油产量的减少强迫人们转而使用煤油，而不是煤油的出现使得鲸油的产量下降。煤油是一类很脏的燃料，相比之下，如果人们能获得鲸油的话，人们更喜欢使用鲸油。就算你喜欢用老旧的煤油灯，你在擦鼻涕的时候也会发现你的手帕会变得很黑，就像是你吸过一整包烟一样。没有人知道煤油灯的使用导致了多少人患上肺癌。在那时，人们对这些问题并不关心。而更为干净的鲸油被认为是更高质量的燃料。如果鲸油的价格合适，还有相当储量的话，较之煤油人们更倾向于选择鲸油。

还请注意，煤油并没有取代捕鲸业的所有产物。优质工业润滑油也是用鲸油制造的，据说比任何合成的润滑油的质量都要好，有些直到几年前还在使用。鲸鱼还能生产“鲸须”，就是它们用于滤食浮游植物的角蛋白结构。这种材料也被叫作“鲸骨”，被用于制作需要韧性和一定强度的材料。在没有塑料的时代，鲸骨是唯一可能用于制作背刮板、衣领加强筋、马车鞭、遮阳伞肋、开关、衬裙和紧身胸衣的材料。随后，鲸鱼肉也被做成了产品。鲸肉在西方未盛行的时候还不是一种产品，但在缺少养殖动物空间的日本是一种重要的蛋白质来源。这些产品并不能利用原油制成，如果不是因为鲸鱼的消失，这些产品的应用本可以维持捕鲸业的盈利。

鲸油并不是捕鲸业获利的关键因素，这在19世纪捕鲸潮结束后的情况中也能看出来。到20世纪，油灯被更亮更实用的电灯泡取代后逐渐被抛弃。然而这时捕鲸活动又开始了，这个时期的捕鲸目标为“须鲸”，这是一类大型鲸鱼，其中包括现存鲸鱼中体型最大的（顺带一提，亦是地球上最大的哺乳动物）——蓝鲸。在早期，这些鲸鱼因为过于巨大且在深海生活而逃过一劫。为了捕杀这些巨兽需要开发出更高效的鱼枪，再也不能用像小说《白鲸》中构想的魁魁格时期手持的鱼枪了。如今，捕鲸鱼枪用鱼枪炮射出，而捕鲸船用蒸汽或者柴油发动机而不是船帆。在这些新器械的帮助下，人类又在与鲸鱼的战争中轻松地获得了另一场胜利。灭绝又再次开始了，在一个世纪内，鲸鱼的总量下降到捕鲸潮开始时的20%不到（图3.6）。

蓝鲸为捕鲸者们带来了难以置信的利润，其鲸肉和脂肪在一些国家中备受赞誉。据说在20世纪中期，在西方国家

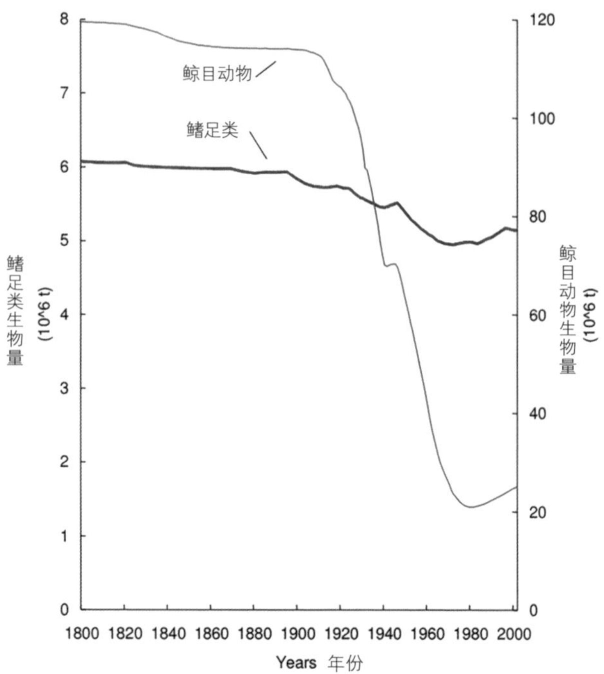

图 3.6 世界海洋中鲸鱼和鳍脚类动物的估计生物量（Christensen 2006[14]）。

售卖的挂着“牛肉”标签的罐装或加工肉类，实际上有相当一部分是更便宜的鲸肉。大部分情况下这是完全合法的，因为这些肉类的标签是“其他肉类”。顾客们难以品尝出差异，而另一方面，鲸肉排的营养价值并不比牛排的营养价值低。鲸肉也被用于制作动物的饵料，这也是一门赚钱的生意。

直至今日，鲸类的灭绝进程仍在继续。目前为止，还没有一个鲸鱼种类被完全灭绝，但从 1980 年著名的“拯救鲸鱼”运动以来，世界各地的人们开始担心它们的命运，这一观点在美国相当活跃。IWC（国际捕鲸委员会）在 1946 年就成立了，但其发展速度不快，直到 1982 年，国际捕鲸委员会提出停止捕鲸活动的提议。不幸的是，IWC 中许多国家都不接受这一提议并以各种各样合法或不合法的形式继续捕猎鲸鱼。仅在某些条件下进行捕鲸是合法的，比如日本捕鲸人获得了“科研捕鲸”的许可。这一构想的提出是因为研究对象被宰杀处理后能够在市场上作为食物进行销售。随后，在 2018 年，日本宣布单方面退出国际捕鲸公约且恢复商业捕鲸活动。如今，在任何情况下，捕鲸——不论合法与否——对现存的鲸鱼而言可能都不是最大的问题。它们现在正因包括环境污染、食物短缺、被船只碾过、天然的声呐被船只和潜艇干扰在内的许多因素而在死亡边缘徘徊。

对鲸鱼和人类而言，海洋环境都已不复往日。鲸鱼在海洋中随处可见以至于阻碍船只航行的时光早已成为历史。因此，陆地与海洋两个世界的斗争似乎要以人类大获全胜而结束了，而人类的敌人——鲸鱼，被打败、被摧毁至近乎灭绝。但还有一个问题：这是怎么做到的？人类为何能在屠杀这些生存繁衍了数千万年的巨大生物的战争中获得如此彻底的胜利？人类为何能在如此短的时间——一个世纪内迅速胜利？这也并不需要非常复杂的技术。大多数鲸鱼是被手持的鱼枪杀死的。

在梅尔维尔的《白鲸》中，我们能够读到 19 世纪中期人类捕鲸的详细描述。我们只能模糊地想象，伴随着海浪、强风和暴风雨，我们在大洋中乘着小小的划艇追捕巨大的鲸鱼。或许我们会问只有 4 个船手的小划艇要如何才能追赶上鲸鱼呢，鲸鱼不能直接游走吗？为什么鲸鱼不能用它的尾巴把船打沉呢？梅尔维尔在书中提到，偶尔有一些记录称，非常愤怒的大鲸鱼会尝试着将划艇或者更大的捕鲸船击沉。但即使这可能发生，也非常少见。是什么使得鲸鱼面对捕猎者时不尝试反击呢（图 3.7）？

图 3.7　描述 18 世纪捕鲸情景的一幅版画。这种捕鲸技术直到一个多世纪之后才得到了改进。可以看到鲸鱼如何被只有 4 个船手、一个舵手和一个鱼枪手的划艇捕杀的。如图中所见，这个小团队已足够杀死一只看似如此无助的庞然大物。

人类能成为猎杀鲸鱼等生物的优秀猎手，肯定有着一些特别之处。在世界范围内，陆地上和海洋中，除了蚊子之外，人类在所有动物面前都取得了胜利。什么让他们如此成功？第一个原因可能是武器：在石器时代，人类就有矛和箭以进行远距离击杀。这确实是一个因素，但人类的武器也有其限制。如果你要使用矛，那么你就要与目标动物有物理接触。原始时期的狩猎与现代猎人们舒服地坐在路虎里射杀他们的猎物大不相同。

那些喜欢用原始武器打猎的人们认为，狩猎的成功与否主要是毅力的问题。人类并不能比一头鹿跑得快，但如果一直追逐着鹿的话，鹿也会因疲惫而累垮。在那时，人们就能获得足够靠近鹿的机会，甚至不需要用长距离击杀的武器就能杀死它。所以人类狩猎的方式与大型动物捕猎的方式完全不同。狮子、豹、美洲豹等猫科动物有着比它们的猎物更快的速度，但持续时间短。你肯定在电视上看过，如果狮子不能抓住它的猎物，它必须停下一段时间以恢复呼吸。狼和其他犬科动物和人一样，用一种与猫科动物不同的技术来使它们的猎物筋疲力尽。但它们也有快速冲刺的能力：你肯定注意到你的狗能比你跑得快得多。只有人类将毅力作为它们的基础狩猎技巧。

那么，是什么使得人类如此擅长消磨猎物体力呢？答案很简单：新陈代谢系统的热量管理。就像高效的发动机一样，人类能够长时间快速地操纵他们的发动机，因为他们有着高效的冷却方法。人类效率的真正密码就是他们能通过蒸发作用快速地将其产生的热量散出。发动机利用散热器来散热；人类用皮肤做到了相似的事情，以汗液的形式将水分蒸发。人类并不是唯一会出汗的哺乳动物；所有的哺乳动物都有汗腺。但大多数哺乳动物的汗腺用于传递气味信号和分泌油脂以保持他们的毛发状态良好。人类有更多腺体，其中还有一种用于冷却身体的特殊腺体。这就是为什么人类大多没有毛发：这是为了便于汗液蒸发。

没有陆生食肉动物用相同的策略来冷却它们的代谢引擎。你见过你的狗出汗吗？它们并不会出汗，狗伸出它们的舌头，尽可能快地呼吸；这就是它们降温的方式。野生动物不出汗有两个原因：第一个原因是它们的毛发限制了出汗的效果，第二个原因则是出汗导致的失水会带来脱水的风险。自然环境下饮用水源相当稀少而珍贵，除此之外，在河流或者小溪旁停下喝水非常危险，因为捕食者会在水源处等待它们的猎物。所以，大多数陆生动物的基本生存策略就是尽量少喝水且节约用水。人类则与之相反，发展出了不会脱水的伎俩；人类经常喝大量的水。当然，在野外没有可饮用的泉水，但一项非常古老的人类技术就是将干南瓜作为水壶使用。南瓜可能是人类驯化的第一种植物并不是巧合；一个空的南瓜在给猎人补水时就是一个致命的武器（图 3.8）。

图 3.8　保存在尤格·巴迪的书架中作为风俗摆件的一个古老的用空南瓜做成的水壶。这来自萨丁区，而可能在一个世纪前还在使用。这个水壶还能发挥它原有的用途。水壶里的水尝起来还有一点南瓜的味道！

所以，一头被一群人类猎杀的鹿难以逃脱：因为其不能出汗，鹿会比它的敌人们更早感到疲惫而不能再远远地甩开它的敌人们。然后，猎人们得以靠近并完成捕杀。这一规律仅有一些例外：大象就是其中一例。它们并不会出汗，但是它们演化出了一种以高密度皮下血管网络作为基础的、高效的冷却系统，尤其是在耳内和耳后的区域。这就是为什么它们有着如此大的耳朵：通过摇耳朵，它们的血液能冷下来，而使得整体体温下降。大象进化出这样的系统可能是为了应对人类的捕杀。我们可以看到野生的非洲大象有着很大的耳朵，但印度的大象的耳朵较小。这可能是因为印度象在很久以前就被驯养了，而如今它们并不需要跑得比猎人们快。

除此之外，这个故事告诉了我们一些人类的物理特点。你还记得我们在之前的章节中提到的"水生猿"的理论吗？这一想法主要基于人类与海洋哺乳动物相似的一些特征：缺少毛发而存在皮下脂肪。现在我们能发现我们并不需要假设人类曾经是海洋哺乳动物，因为通过排汗以散热的能力需要没有毛发的皮肤。但人类没有毛发，他们肯定还有别的免于严寒的方法。人类通过皮下脂肪以达到御寒的效果。在新陈代谢上这比生长毛发代价更高，但这是考虑到人类有着高效的代谢方式能负担得起的御寒方式。

那么，在这方面鲸鱼又有什么特点呢？我们已经提到过鲸鱼利用它们厚厚的脂肪层：鲸油，来隔断它们与冰冷海水的热量传递。这对于抵御寒冷来说非常有效，但与之相反的问题：体温过高。处理内部产热对大型动物而言至关重要；对鲸鱼来说这或许是个大问题，因为它们太大了，而且它们的体表体积比非常小。毫无疑问，鲸鱼需要避免参与激烈而长时间的运动。考虑到在自然中它们的天敌很少，对于大型鲸类而言这并不困难。它们也可以潜到冰水中以冷却它们的身体，最后，它们的鲸脂是血管化的，所以通过向该区域和尾巴泵血，它们可以进一步降温。

这种冷却方式使鲸鱼在环境中存活了数百万年，但它在人类猎手面前毫无用处。从我们所读到的关于捕鲸的史诗时代，即《白鲸记》的时代的记录来看，捕鲸似乎主要是一种耐力的考验。当鲸鱼意识到它被一艘船锁定了，它当然会尝试着游走，但捕鲸人会跟随着鲸鱼被迫呼气时产生的水花继续追赶它。最后，鲸鱼会变累而游得更慢一些。这时，捕鲸人就能够靠近鲸鱼，用特制的捕鲸武器“钩爪鱼枪”来击伤鲸鱼（图3.9）。

钩爪鱼枪并不是为杀死鲸鱼而设计的：鱼枪顶端被设计成不能深入穿透鲸鱼身体的样式。但顶端可以穿进鲸脂中，而使鱼枪特制的“翼”（钩爪）能够钩住鲸脂。因为鲸脂是血管化的，这个伤口会使得鲸鱼开始失血而变得更脆弱。随后捕鲸人用一根绳子把漂浮的木制重物绑在鱼枪上，让鲸鱼更加疲惫。有时候，为带来更强的阻力，整艘划艇和船手都会挂在钩爪鱼枪后，尽管这有着被庞大的鲸鱼直接把船拖入水中的风险。不论如何，鲸鱼都必须挂着这些额外的重量继续游动，这相当费力以至于这头可怜的野兽很快就会遭受体温过高的煎熬而不能继续游动。这时，划艇能轻而易举地接近这头出血的、筋疲力尽的鲸鱼。人们会用一把锋利的手持长矛刺穿鲸鱼的内脏，心脏是最优的选择。梅尔维尔在他的

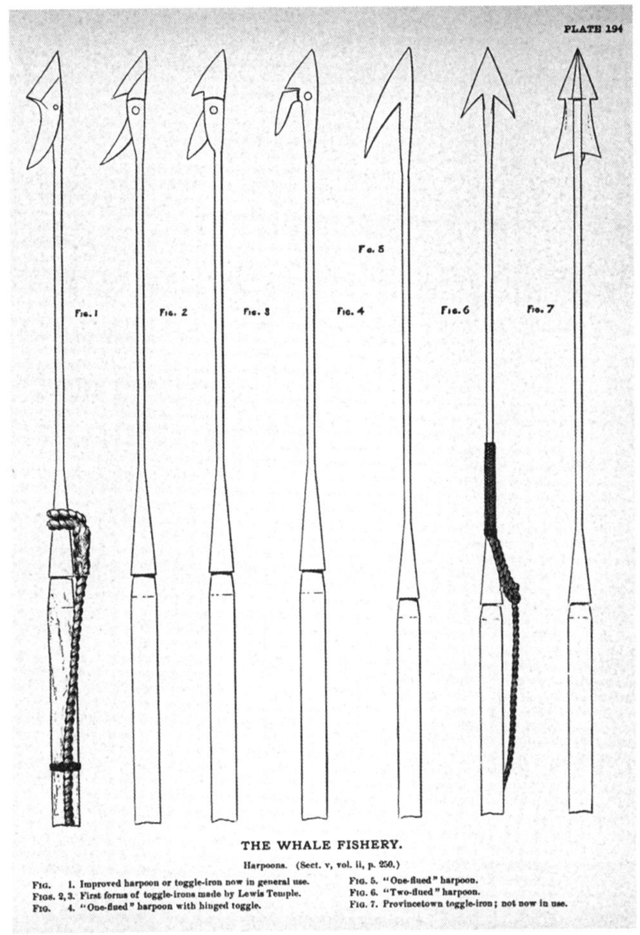

图 3.9　19 世纪用于捕鲸的鱼叉。请注意用于刺入鲸脂中，阻碍鲸鱼移动的巨大的“翼”（钩爪）。（图片来源于美国国家海洋和大气管理局）

注: FIG. 1. 现在普遍使用的改进鱼叉; FIG. 2,3. 第一种拨动式鱼叉; FIG. 4. 带铰链肘节的单道鱼叉；FIG. 5. 单道鱼叉；FIG. 6. 双道鱼叉；FIG. 7. 普罗维尼镇肘节铁，现在已不使用。

小说中如此描写这一过程：我们注意到鲸鱼“迟缓“的动作，这只可怜的巨兽非常困惑，精疲力竭，以至于难以移动（《白鲸》第 61 章）：

现在，血水如同山泉一般从这怪物的身体四周喷涌而出。它受尽折磨的身躯在血水而不是海水中翻腾，血色的海水像是煮沸了一样，冒着气泡的血水在它的身后长达几英里（1 英里 =1.609 千米）。斜阳照射在海上这片猩红的水域上，把这血红的倒影反射到每个人的脸上，所有人都满面红光，活像个红种人。与此同时，鲸鱼的喷水孔里一直在痛苦地喷出一股股白烟，首领则兴奋得一口接一口地吐着香烟；他每投出一次已然弯曲的鱼枪后就立刻往回拉（通过鱼枪上连着的绳索），斯德布一次次把枪杆在舷缘上急急地敲几下，将它弄直，再一次次投到鲸鱼身上。

“往回收！往回收！”他看着渐渐变弱的鲸鱼再也发不了威了，朝头桨手喊道。“往回收！靠近它！”船开始在鲸鱼的侧身靠近。斯德布在艇头远远地探出身，慢慢地把他又长又锋利的矛刺进鱼身，也不拔出来，只是小心地在鱼身里绞动，仿佛鲸鱼吞了他一块金表，他正在细心探测表在哪儿，可又害怕还没来得及把它钩出来就弄断了。其实他要的这只金表就是鲸鱼的性命。而如今鲸鱼已命在顷刻；因为从它开始昏迷到这无法形容的，称之为“骚乱时刻”的过程中，这头怪物在它的血水中剧烈地翻腾，把自己裹在密不透风的、暴怒的、沸沸扬扬的浪沫中，使得处于险境中的小船急忙后退，经过一阵盲目慌乱的挣扎后才从昏天暗地的境地中脱离，重见天日。

而现在尽管鲸鱼还在翻腾，它又一次翻转入视野中；它辗转反侧，呼气孔断断续续地扩张收缩着，发出尖利的，仿佛有什么东西迸裂似的痛苦的呼吸声。最终，一注注淤血直射到空中，像是红葡萄酒的紫色渣滓，然后落下，顺着它一动不动的侧身流到海中。它的心脏崩裂了！

“它死啦，斯德布先生。”塔尔戈说道。

如果你想用“屠杀”这个有负面意义的词来描述这个场景，正是非常合适的选择。如何将屠夫的工作叙写成一个史诗故事，这是个非凡的挑战，而梅尔维尔做到了。我们不知道在汪洋中的某个角落里是否有些鲸鱼用它们的语言咏唱着一首雄壮的长诗，以鲸鱼的角度讲述着《白鲸》的故事。无论如何，人类和鲸鱼两个物种有着诸多不同。而当我们不能相互理解时，结果往往是引起战争。

这些应该让我们足够理解到，当人类了解到鲸鱼所包含的丰富脂肪宝藏的那一刻起，它们的命运就被决定了。时至今日，尚还存活的鲸鱼只是它们在以前真正统治大洋的辉煌时代的微不足道的残余罢了。尽管某些种类获得了保护，鲸鱼与许多其他海洋哺乳动物都可能因为持续增长的船只数量、海洋污染，和渔民导致的传统食物来源消失带来的压力而在短时间内灭绝。人类并不需要很高明的手段就能使其他脊椎动物绝迹。人类的贪婪倒是大大多于他们所需要的：人类带来的诅咒就是破坏我们赖以生存的事物。这是一个没有休止的故事，我们会在下面的章节中更详细地研究。

3.2 鱼子酱：鲟鱼的诅咒

Fishing is not like making wheat from grain, every year the same. Fishing for sturgeons is like playing in a casino. You always feel the smell of money, but in the end, you always lose.

——The Caviar Lady-Michele Marziani, 2009

捕鱼不像从谷物中获取小麦，年年如是。捕捉鲟鱼就像在赌场中赌博。你一直能嗅到金钱的气息，但最后，你总是输钱。

——《鱼子酱女士》，米歇尔·马扎尼，（2009）

詹姆斯·邦德——伊恩·弗莱明，20 世纪 50 年代的小说《秘密特工 007》系列中的主角，一直与迷人的异国生活方式紧密地联系在一起。真正的秘密特工并不会有和 007 一样的生活方式，但这些小说为我们讲述了那时的一些生活方式，甚至在今天，人们也会禁不住地想象这种生活是多么让人心驰神往。当然，奢华的生活也包括对食物的偏好。其中，在 007 系列第一批小说的一本书《来自俄罗斯的爱》（1956）中，邦德因一个敌人在喝红酒时吃鱼而认出了他——这是各位美食家们的禁忌。除了违反了烹饪规则外，这个细节告诉我们，在那个年代，鱼就已经不被认为是告解日的苦食而已经跻身上流社会的餐桌了。不仅如此，弗莱明的第一部小说《皇家赌场》（1953）中，我们还能找到邦德和他的爱人维斯珀共进鱼子酱晚宴的情节。这是鱼子酱作为上流食物第一次出现在电影中。

在20世纪下半叶，鱼子酱主要从苏联进口到西方。大多数情况下，这些鱼子酱来源于里海的鲟鱼，一种近乎神话的鱼类，主要有白鳇、赛弗鲁嘉鲟、奥西特拉鲟三个能出产最受欢迎的黑鱼子酱的种类。尽管其标志性的海军蓝罐头一点也不做作，但鱼子酱的价格一度非常昂贵，很少人能买得起。苏联这么一个正式名为“人民共和国”的国家为西方富人们生产着昂贵的鱼子酱可能有些怪异。但苏联政府需要经费用以在国际市场中购买物资，而出口鱼子酱为其提供了急需的稳定通货（图3.10）。

图3.10　在俄罗斯餐厅小薄饼上供应的鱼子酱，佐以甜香槟和伏特加。

在 1991 年苏联解体之后情况发生了改变。曾经有一段时间，那些到俄罗斯旅游的人们或者拥有美元的前苏联国家的人们能以我们买罐装沙丁鱼的价格买到他们想要的所有鱼子酱。享受有伏特加和鱼子酱的晚宴并不需要成为詹姆斯·邦德。在西方世界，鱼子酱的官方价格保持在每千克 1000 美元左右，比火腿的价格贵 50 倍。但黑市的价格被俄罗斯黑手党出口的鱼子酱控制着。没有人能保证这些鱼子酱的质量（而有传闻说这些鱼子酱被核辐射污染了）。但对那些以低价在俄罗斯购入而以惊人的高价在西方卖出的人来说，这可是一块肥差。

很快，鱼子酱比以往变得更流行了：你能从谷歌的语料库中找到 20 世纪 90 年代人们最关心的词汇。这可能是因为俄罗斯黑手党就像典型的黑手党一样，在开发自然资源的问题上是一个非常高效的组织。他们不仅不交税还从不担心污染的问题。如此一来，他们能够以很低的价格产生大量的鱼子酱。所以，这一种低成本的鱼子酱入侵到西方市场，尽管它仍然作为一种昂贵的产品在市场上销售。在 20 世纪 90 年代著名的纽约餐厅裴卓仙曾推出只有鱼子酱的午餐。就是如此：侍者会给你端上一盘纯鱼子酱和一个茶匙，除此之外再无他物。如果你想要一片柠檬，你还需要分开点单。考虑到鱼子酱每克 5 美元的昂贵价格，你必然要在这顿午餐上花费不少于 100 美元。但显然，有的人能够支付得起这样的午餐（图 3.11）。

但这种富足并没有持续多久：数年之内，鱼子酱几乎在莫斯科的商店中消失了。如果你能找到鱼子酱，它的价格也像珠宝一样昂贵（而且可能比之前还有更高的辐射）。即使

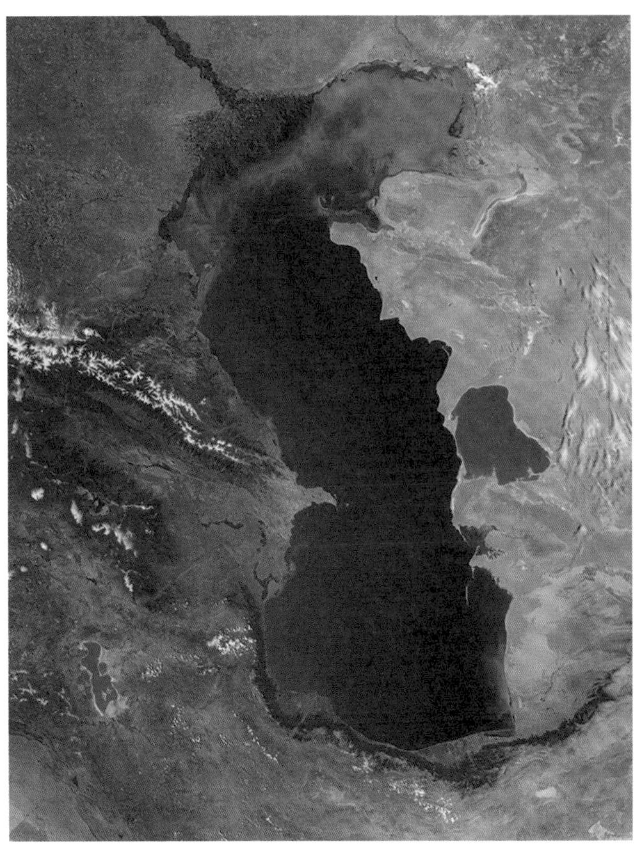

图 3.11　中分辨率成像光谱卫星摄得的一幅里海的照片。里海是一片 37.1 万平方公里巨大的水域，但水深很浅，并受到周围工业区的污染。我们可以注意到里海北边有浅绿色的区域，这种颜色是因为伏尔加河带来的富含肥料的农业废水，导致水体富营养化而呈现出来的。里海是大量鲟鱼的家园，而且以生产鱼子酱闻名。这两者都因过度污染而在 20 世纪 90 年代崩溃了。

在西方，在21世纪早期，鱼子酱的市场价格也高达每千克5000美元。在纽约，裴卓仙也停止了鱼子酱午餐——即使对于城中的富豪们来说它也过于昂贵了。后来，俄罗斯政府禁止了在里海捕捞鲟鱼，但与往常一样，禁止捕鱼的禁令总是在无鱼可捞的时候才出台。而从2010年左右开始，随着鲟鱼养殖和水产养殖的鱼子酱的到来，鱼子酱的价格开始下降。但野生的鲟鱼已难寻踪迹，它们尚未灭绝但其数量已相当少，已处于灭绝边缘。

这其中发生了什么呢？与鲟鱼奇特的特点有关，鲟科是27个已知的存活种的共同名称（至少现在而言，它们都在灭绝边缘）。它们被称为“溯河性鱼类”，也就是洄游到河流中产卵的鱼类；鲑鱼就是这种鱼类的另一个例子。溯河而上习性的结果是：因为这些鱼类每年都要进行长距离的迁徙，它们将在身体中储存相当量的脂肪作为能量来源。鲟鱼和鲑鱼一样，是典型的“油性鱼类”。同样的，溯河性鱼类的体型一般会更大；体型小的鱼是不可能坚持游到河流的源头的。鲟鱼中存在着体重超过1吨的个体的记录。

鲟鱼也同样是“活化石”之一，它们起源于2亿年前，与恐龙同时出现。但恐龙随着白垩纪的大灭绝事件消失了，而鲟鱼在这场灾难中幸存了下来。但现在鲟鱼又面临着灭绝的危险。这是因为它们有溯河洄游的特性：迁徙的天性强迫它们溯河而上，而在河流中它们在捕食者面前不堪一击。鲑鱼也面对着同样的风险，潜伏在河边的灰熊们会在鲑鱼逆流而上时迅速地抓住它们。人类了解到这些溯河鱼类的习性之后也开始运用灰熊们抓鱼的方式来捕捞这些鱼。

但还有一个更重要的因素使得溯河性鱼类在人类的捕捞面前尤为脆弱：它们的卵非常美味且富含营养。同样的，这也很可能是它们的习性衍生出的一个特点。在鲟鱼和鲑鱼完成繁殖的危险旅程后，雌鱼必须为她们的后代们提供高质量的食物储备以使后代们在游向海洋的旅途中有着更高的存活率。这很可能就是溯河鱼的鱼卵与在海中繁殖的鱼类的卵相比有着更大的体积和更多的营养的原因。

万事万物的存在都有其道理，鱼子酱为何如此美味亦然。你可能尝过其他鱼的鱼子。例如在超市中你能找到圆鳍鱼（海参斑）的鱼子，圆鳍鱼是一种生活在大西洋北部的鱼，它的鱼子常被称作“穷人的鱼子酱”。其他鱼类也提供给人类食用的鱼子酱，鲻鱼就是一个例子。并不是因为它们的鱼子不好，但与鲟鱼子的香气、质感和口感相去甚远。

就像往常那样，用于保证物种在某种情况下存活的特性，在其他情况下却被证明是有着致命的危险。这当然适用于鲟鱼子的特殊营养价值，人类可能在捕鱼历史的前夕就注意到了它们的这一特点。在这里，还有一个额外的因素使渔民对鱼子酱更有吸引力。鱼子酱不仅仅有着很高的营养价值，还能在盐中长期保存而不变质。这样一来，鱼子酱真正地成为了鲟鱼的一个诅咒：这种产品在富人和有权有势的人群中占有市场，他们把鱼子酱视为一种地位的象征，而不太在乎价格。捕捞鲟鱼变成了一个掠夺性产业。在几个世纪内，导致了世界鲟鱼数量的毁灭性减少。我们又一次看到了人类将赖以生存的事物毁灭的趋势。

鱼子酱的故事在很古老的时候就已经开始了。鲟鱼以往在世界上的任何地方都是一种相当常见的鱼类，可能在河里都很容易抓到它们。确实，对老渔民来说捕捞到如此大的鱼是巨大的幸事，似乎在古罗马和希腊的餐桌上都偶尔有鲟鱼肉和鲟鱼籽的踪影。但距鱼子酱变成如今的完美食物还有很长一段时间。根据理查德 · 凯里在他的书《哲学家的鱼》（2005）中所述，中世纪的欧洲鲟鱼和鲟鱼籽是常见的食物，但作为食物它们似乎并不是特别珍贵。这是中世纪人们看待鱼的部分观点，鱼被视为一种忏悔人吃的食物。

欧洲人将鱼子酱视作高品质的食物，这也似乎是彼得大帝（1682—1725）寻求从俄罗斯出口食物的开始。彼得大帝成功地将鱼子酱作为一种贵族食物，就推销方面而言获得了一些成就，但这也花去了许多时间。欧洲的贵族们起初似乎对这种新的食物非常困惑，那些第一次品尝鱼子酱的人也可能在吃过之后直接吐了。谷歌词料库的搜索表明俄罗斯鱼子酱的流行度在 1810 年增加，也许这是 1812 年拿破仑军队入侵失败后民族主义浪潮的结果。但即便在俄罗斯和西欧，鱼子酱在 20 世纪 20 年代才开始流行。

但鱼子酱并不只是俄罗斯的食物。很久以前，鲟鱼在所有欧洲河流中数量非常多。在意大利北部，波河曾盛产鲟鱼，那里有一整套鱼子酱食谱。所以，有的人宣称鱼子酱这个词起源于意大利都非常正常。一直到 20 世纪，伦巴第和威尼托的人们还在吃当地的鱼子酱。20 世纪 30 年代，费拉拉有一家著名的杂货店，店主是一位名叫本韦努塔 · 阿斯科利（“Nuta”）的妇女，她垄断了在波河捕获的鲟鱼。但在第二次世界大战后，鲟鱼捕捞就从意大利河流中消失了，而20世纪70年代鲟鱼就在本地宣告绝种了，它们是无差别捕捞和污染的受害者。

北美鲟鱼也有着相似的命运。美洲原住民在欧洲殖民者到来之前就偏好食用鲟鱼，而后者并不非常喜欢鲟鱼。据说欧洲殖民者一开始认为鱼子酱是野蛮人的食物，他们把鱼子酱给他们的奴隶吃。龙虾也被如此看待，在那时只有穷人才会吃龙虾。随后，即使是殖民者们也意识到了鱼子酱的美味。在19世纪美国东部开始进行鱼子酱的商业生产，鱼子酱产量如此之高以至于酒吧中为了让客人们多喝酒而免费提供鱼子酱——这行之有效因为鱼子酱非常咸！同时，在19世纪，美国生产了全球90%的鱼子酱，也将其出口到欧洲。在20世纪，不受控的捕捞和环境污染导致鲟鱼从河流中消失了。今天，美国境内的鲟鱼捕捞活动数基本已降到0。走私市场依然还有利用“白鲟鱼”（大硬鳍鱼）的鱼籽冒充的假鱼子酱，这种鱼是鲟鱼的一类远亲。据说这些假鱼子酱的相当一部分被装罐，价格比俄罗斯鱼子酱高了许多。除此之外，我们还有另一个因人类管理失当而导致资源被破坏的例子。

从里海鲟鱼捕捞的例子中，我们有20世纪80年代鲟鱼产量“激增”和随后崩溃的惊人的数据（图3.12）。

在鲟鱼渔获的第一阶段，从1950年到1975年，数据表明有着某种捕捞控制和避免过度捕捞的措施。并不是因为苏联政府对环境保护有着异乎寻常的兴趣。我们只需要记得他们在20世纪80年代如何以“发展”的名义毁掉咸海湖，抽

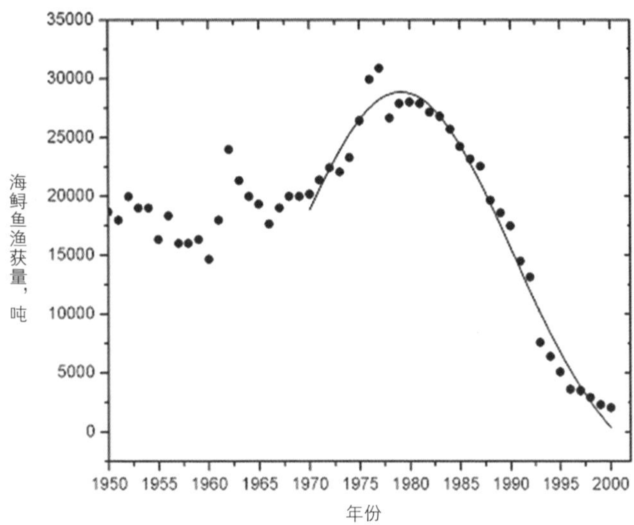

图 3.12　1950—2000 年里海鲟鱼渔获量。（数据来自联合国粮农组织）

干湖水以用于农业灌溉，将其变为一片荒漠的故事。但对于里海鲟鱼捕捞，苏联政府将其看作珍贵的硬通货而尝试着优化其管理（顺带一提，咸海湖也产鱼子酱，但其质量不高）。苏联官方在 1991 年解体但在 80 年代就已陷入危机。我们很难准确指明苏联政府何时开始失去里海鲟鱼捕捞的控制权，但有些报导称在 20 世纪 80 年代，当地的黑手党就已经填补了政府的真空，控制了利润丰厚的鲟鱼捕捞业。当鲟鱼捕捞业落入无情的造钱机器时，鲟鱼们失去未来这一后果毫不让人惊奇。图 3.12 展示的 1980 年后的数据可能远远低估了总捕捞量，因为这并不将偷猎者非法捕捞的渔获量包括在内。然而，偷猎者的行为对鱼群数量造成了毁灭性打击，几乎没有为合法捕捞留下多少鱼。不论合法或不合法，鲟鱼捕捞都在持续，直到最后一条鲟鱼消失了。高效率往往不是一件值得高兴的事情。

鲟鱼是历史上因人类捕捞而几近完全灭绝的海洋动物之一。其他的例子包括露脊鲸和其他大型鱼类，如中国白鲟，一种生活在长江，也能生产鱼子酱的鱼——这种鱼在21世纪被宣告灭绝。但鲟鱼可能是第一种因能生产鱼子酱这如此高价值的产品而遭遇如此命运的鱼类。因此，捕捞鲟鱼可以克服渔民的诅咒，成为一项可以为所有者积累货币资本的活动（当然不包括地位低下的渔民，他们总是被诅咒）。积累到的资本可被再投资，以扩充捕捞活动。这足以构成过度开发和毁灭资源的致命机制。我们能在这本书的剩余部分中找到更多这样的例子。

插曲：里海鲟鱼捕捞业

内容来自地中海意大利鲁索研究中心的塔蒂阿娜·尤卡伊。

里海是一片独特的水体，是地球上最大的盐湖，是5000万年前连接大西洋和太平洋的特提斯海的残余部分。在超过200万年的时间里，里海保持着与其他水体隔绝的情况，而其气候和盐度梯度创造了拥有超过400种地方物种的独特生态系统。有115种鱼仅在里海中存在，其中一部分是溯河洄游型鱼类，从里海迁徙到河流上游产卵。不同种类的鲟鱼是这片水域中最有经济价值的鱼种。如今，因过度开发、栖息地破坏和污染导致里海鱼群数量骤减，捕鱼活动也面临威胁。更高效的捕鱼方法与过度捕捞和大量偷猎相结合、水坝建造工程、外来物种入侵以及环境污染增强都是鱼群数量大幅减少的相关因素（图 3.13）。

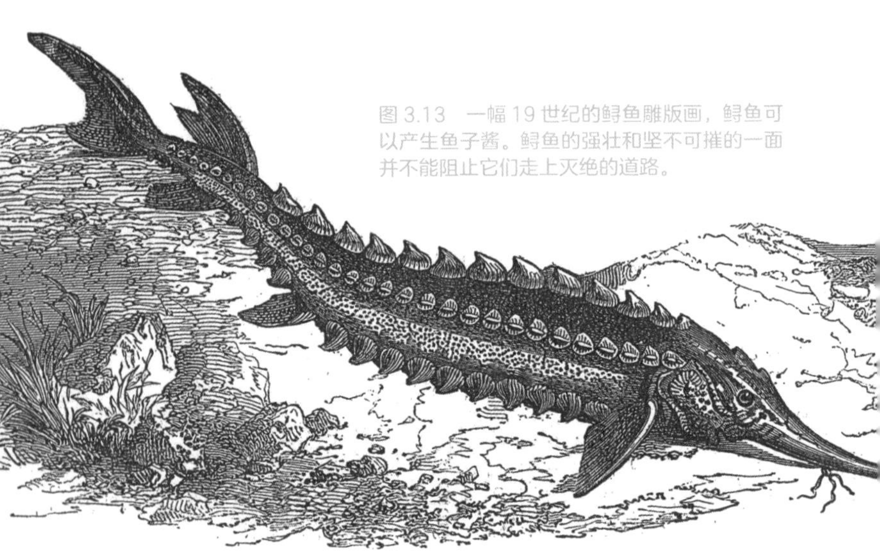

图 3.13　一幅 19 世纪的鲟鱼雕版画，鲟鱼可以产生鱼子酱。鲟鱼的强壮和坚不可摧的一面并不能阻止它们走上灭绝的道路。

这个故事起源于传统的里海鲟鱼捕捞业。早在 20 世纪，鱼子酱的年产量在 30 000 ~ 50 000 吨。但过度捕捞使得鲟鱼产量减少。在 1938 年，苏联政府在中南部海域对鲟鱼实行配额限制，包括宣布引入最小捕捞尺寸，并禁止使用某些渔具。但鲟鱼数量还在继续下降，在第二次世界大战时，鲟鱼的渔获量下降到平均每年 3000 吨。在第二次世界大战后，一项有力的鲟鱼种群保护举措就是 1962 年颁布的在里海捕捞鲟鱼的禁令。在接下来的 3 年里，捕捞地被重新划定到河口三角洲的区域。此举的结果是，可被用于加工的鱼卵的产量有了实质性的增加。政府也修建了培育鲟鱼苗再将其放养到海中的再放养设施。到 1977 年，总鲟鱼的渔获量恢复到每年 30 000 吨。1981 年，政府实行了新的渔业规则，这一规则包括某些区域的季节性的禁渔令。这些举措使得鲟鱼的种群数在 1981—1985 年得到了增加（图 3.14）。

图 3.14　苏联时期里海鱼子酱罐头的标签，鱼子酱罐头是标志性的蓝色。这是准备出口到西方的鱼子酱标签，所以标签上的文字基本上都是英语。但在大大的“鱼子酱”文字下方，你能看到表示鱼子酱的斯拉夫单词 икра（鱼卵）的字样。

随着苏联在 1991 年的解体，因为海洋和河流中鲟鱼觅食场偷猎活动增加，其强度远高于合法捕捞强度，里海鲟鱼的总数剧烈下降。苏联解体后第一年违法捕捞的鲟鱼数达到每年 25 000 吨，这使得 20 世纪 90 年代鲟鱼种群锐减。

偷猎和过度捕捞并不是仅有的问题，苏联时期引入的刚孵化的鲟鱼幼鱼数量也因资金不足而受到了严重的影响。严重的污染也是里海鲟鱼群面临的问题。骤增的石油、气田勘探和工业开发区域使早已因工业企业低效净化设施排放工业废弃物的里海环境都受到了污染。石油污染抑制了里海以蓝藻、绿藻和硅藻为代表的底栖植物和浮游植物的生长。这减少了水体的氧气产量，导致鱼群和其他生物的大量死亡。此外，石油压载水舱中排出的压载水带来了黑海中的外来海洋物种。最终，放射性废物对海洋的污染导致海洋生物体中的铀含量比其他水域中的生物高 5 倍。

1999 年，俄罗斯联邦政府批准的总允许渔获量配额（TACs）限制了鲟鱼的捕捞。2000 年，俄罗斯联邦政府渔业委员会颁布了禁止商业捕捞鲟鱼活动的命令。只有白鳇仅可因研究用途和控制种群的增加被捕捞，而商业捕捞仍然被严格禁止。这就是里海渔业的现行状态，还未从 20 世纪的过度捕捞中恢复过来。

保护里海鲟鱼的国际努力和政治手段正在进行，里海周边的国家正在共同努力恢复鲟鱼的数量。2018 年的阿克套峰会为恢复鲟鱼种群量提供了一次机会。《里海法律地位公约》的部分规定包含了在打击偷猎方面的合作和在联合研究努力中开辟新的机会。在 2019 年 9 月，伊朗和俄罗斯的渔业官员同意了延长 2005 年首次实施的对鲟鱼和其他生产鱼子酱的鱼类的捕捞禁令。里海的未来仍充满着困难，但这些协议可能能恢复鲟鱼的种群，进而恢复鱼子酱的生产。

如今，你还能在超市中买到鱼子酱，但这不再是以前的鱼子酱了：这些鱼是人工养殖的。然而，有趣的是，这些人工养殖的鱼子酱的价格并没有降低，现在的一克鲟鱼子大概需要花费 4 到 5 欧元，比普通鱼子酱贵了 50 倍。人们如何证明这个价格是合理的呢？答案可能在于，质量在买方心中是非常重要的，而众所周知的事实是，顾客往往根据价格来评价质量。所以，大多数人倾向于认为如果一件物品是昂贵的，那么它的品质一定是优秀的。所以，鱼子酱就有点像劳力士的手表：并不是因为高价的劳力士机械表比廉价的石英表更准确，人们并不因品质问题购买它——这取决于你能证明你能负担得起高价的手表。有一个关于两个俄罗斯寡头的故事，他们是苏联解体后出现的新富豪。第一个富豪对另一个说：“看这块劳力士表。我花了 25 000 美元买下它。”

另一个富豪摇摇头说："他们骗了你。我知道有个地方卖同样的表，卖 50 000 美元。"这当然只是一个笑话，但人们就是如此。其后果显而易见，以毁坏生态系统为代价，使得少数人能够比其他人浪费更多的资源。

3.3 纽芬兰：大西洋鳕的毁灭

We just became too technologically competent.
We became able to kill too easily.
We became able to kill everything.

——Leslie Harris, Quoted in Lament for an Ocean, Michael Harris

我们获得了过于强大的技术。我们变得更擅长杀戮了。
我们能够杀死一切。

——莱斯利·哈里斯，引用自迈克尔·哈里斯《海洋的恸哭》（1998）

意大利探险家乔瓦尼·卡博托是在17世纪第一个探访纽芬兰区域附近的人，他在海中发现了大量的鱼。他的报告中提到，把一个篮子放入海中再提起来，就能捕到一篮子鱼。在从前，海中有着大量的鱼这一形势持续了很长一段时间。纽芬兰附近的海区是许多腌鳕鱼的主要产地，这种用盐腌渍的鱼在欧洲流传了几个世纪。这片海域也是流行的“鱼条”的起源地，这是第一种在西方市场盛行的冷冻鱼。

这都是因为鳕鱼是那么一种优秀的鱼种：数量巨大、营养丰富、易于捕捞。就是鳕鱼将纽芬兰变为渔民主要聚居的区域，甚至还要雇用来自世界各地的人来从事渔业工作。当然，纽芬兰的渔民也没有逃过渔民的诅咒——他们努力工作，但常常陷于贫困，即使他们对其技术和传统感到骄傲（图 3.15）。

图 3.15　在 19 世纪末纽芬兰海边的渔民们。这幅图可能展示的是纽芬兰人雇佣的来自西欧的季节性工人，他们在平底船上从事艰苦的鳕鱼捕捞工作。这是一个随着工业捕鱼业兴起而消失的世界。（图源来自哈珀周刊，1891 年 10 月 17 日）。

在第二次世界大战后的困苦年代，纽芬兰的鳕鱼捕捞业蒸蒸日上，发展形势一片大好。每年的渔获量都在增加，达到了从未设想到的程度。我们可以想象一下人们在看到每年的渔获年年增加时的喜悦，这必然是因为新的捕鱼技术带来的增产。这似乎是看不到头的财富，如果有人对于其可持续性产生怀疑，他们的观点会直接被人忽略。

然后一切都出现了问题。你可以从图中看出，北大西洋鳕鱼的到岸渔获量在达到 1970 年的顶峰之后，在近 20 年的时间里几乎为 0。即使在几十年后，渔获曲线也没有恢复到它之前的值，尽管在 20 世纪 80 年代，鳕鱼渔获量稍有反弹。但对于纽芬兰的渔民和渔业加工者（常常为女性）来说，这是一场人类、社会和经济的灾难：40 000 人失业，而他们的家庭难以为继。在短短数年间他们发展了一个多世纪的传统和文化被完全摧毁（图 3.16）。

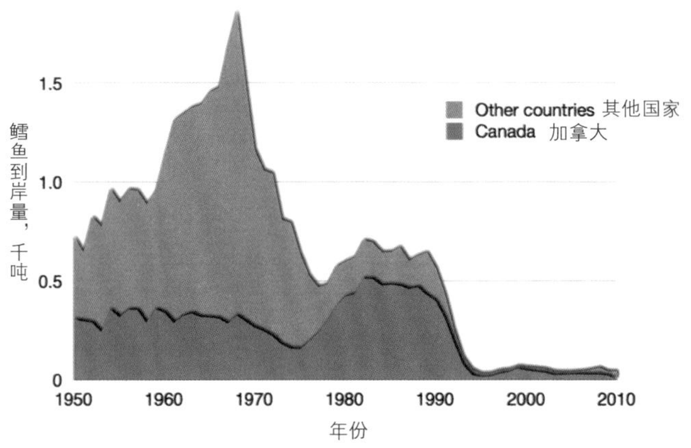

图 3.16 西北大西洋鳕鱼到岸量。Y 轴为千吨。（数据来自 WH Lear, 1998[15]）

这期间发生了什么？如果从人类过度开发资源的倾向来看，没有什么特别的。运用新的捕捞技术和通过冷冻技术扩张鳕鱼市场使许多经营者向鳕鱼捕捞业倾注了大量资本。每个人都尽可能多地捕鱼，尽可能长时间地捕鱼。到最后，什么都不剩了。

这个故事在汉密尔顿和他的同事们在2004年《人口和环境》杂志中出版的一篇文章中有详细的叙述[16]。到20世纪60年代，纽芬兰的渔民们有着沿海手工渔民们拥有的所有特点：勇敢、进取、伟大、永远负债累累，和以前的渔民一样一贫如洗。汉密尔顿和他的同事们在文章中这么描述道：

> 在20世纪40年代，人们依赖于各种本地资源。渔民用露天小船主要捕捞鳕鱼、龙虾、海豹和鲱鱼。在三月开始捕捞海豹，在四月捕捉龙虾。鳕鱼是在夏季捕捞的物种，而在秋天有些渔民会捕捞鲱鱼。在冬天，男人们在森林里工作，常常挤在肮脏的帐篷里。林业工作给了他们赚钱的机会；捕到的鱼通常被用以给当地商人偿还贷款，这些家庭在那里获得主食和物资。妇女和儿童一般做照料花园和牲畜的工作。很少有现金的交易；大多数家庭在春天时背上债务，在季末的时候用捕得的鱼来还清。

但到60年代中期，形势发生了变化：

> 随着捕获鳕鱼和虾的新技术的发展，捕鱼也发生了变化，渔船也变得更大了。相当一部分渔民开始用拖网或者拖船捕鱼。其中，联邦政府起到了决策者的作用，在引进新技术的同时为愿意冒险投资新装备和新渔船的渔民们提供经济支持。早期的投资者们被其他渔民用怀疑的目光看待。但技术进步使得船只大小、装备和船只种类的改变上有着更多的可能性。

随后捕捞业迎来了繁荣期。这不仅引起了纽芬兰人和全欧洲的人们的注意，来自苏联的人们也注意到了这一个繁荣期：

在露天船只和延绳钓渔船上的渔民们继续在岸边捕捞着鳕鱼、龙虾和海豹。与此同时小型拖网船和其他延绳钓渔船开到了开阔的大洋中，几乎全年都在进行鳕鱼和虾的捕捞作业。在捕鱼业繁荣高峰时，拖网船的船长光靠捕捞鳕鱼一年就能赚 35 万 ~ 60 万美元。而共同出海的人们，他们中的许多人是高中学生，在他们父亲的船上，每年可以赚到 5 万美元。联邦政府资助船只进行升级，为他们的花费提供 30% ~ 40% 的补助金。

你能发现我们并不需要复杂的模型就能理解人类的贪婪和无能，以及政府的帮助——是如何导致鳕鱼的灾难。鳕鱼被捕杀的速度比它们生殖的速度更快，这就导致了它们的灭亡。如果说有什么不同的话，大西洋鳕鱼的例子之所以有趣，是因为它在与我们非常接近的一段时间里所产生的政治和人类影响。

到此为止，我们应当问问自己：有没有可能没有人注意到正在发生的事情，并试图对此做些什么？显然，并没有人做出改变。比如说，你能读迈克尔 · 哈里斯的书《恸哭的海洋》（1999）。

显然，科学组织和立法以及政治机构本可以阻止已存在的过度捕捞活动，但他们并没有很好地运用其能力，而在阻止外国船只来分享鳕鱼红利的情景中，这些条条框框难以得到应用。加拿大大西洋渔业科学建议委员会（CAFSAC）负责估计鳕鱼的年龄组成以及向政府建议加拿大渔民的最大捕捞限额。加拿大大西洋渔业科学建议委员会的科学家们可能尽他们最大的努力完成他们的工作，然而在实践中，他们犯下了巨大的错误。

纽芬兰纪念大学的三名研究者，斯蒂尔、安德森和格林在1992年《纽芬兰研究》[17]上刊载的一篇文章中讲述了这个故事，这篇文章有一个富有表现力的标题：《对北方鳕鱼的商业管理型灭绝》。这个故事很复杂而毫无疑问这些研究者和政府似乎采用了他们能做到的最好的办法，但他们因种种原因而失败了。第一个问题就是估计鳕鱼种群的连续性。斯蒂尔等人的说法是：

为北方鳕鱼种群延续提供科学建议的历史提供了一个拙劣的科学案例。科学的认知通过提出假设后用实验来验证假设的方式来推进。如果实验结果不能证明假设，那么我们不得不否认原有假设而建立一个新的可被证明的假设。在北方鳕鱼的研究中，当鳕鱼群存在一定的捕捞死亡率时，鳕鱼群种群恢复的速率是研究中的推测（假设）部分。然而，当种群不能以预测的速率重建种群时，这个假设没有被检验以确定原因，也没有被抛弃；取而代之的是引入如低水温或者多春鱼的可获得率（“毁灭性生态因子”）等一系列的其他因素以解释预测失败的原因。预测的数量被认为是真实的，因此在某个地方必然存在鱼。同时，预测的鱼类死亡率也可被接受为真实死亡率，即使到岸渔获量说明真实的死亡率要高2～3倍。

但比糟糕的科学验证过程更麻烦的是让科学与政治和谐共存。在这一点上，斯蒂尔和他的同事们这么说道：

> 加拿大大西洋渔业科学建议委员会的责任在于提供科学的建议，这个责任相当沉重以至于这应该是集体的责任而非某个个体的责任。然而，科学界中的同行评审显然是由内部讨论构成。问题在于如果每个人都有责任，那么就没有人对此负责。如此一来，公开、独立、有批判性的科学讨论难以存在，或者根本不存在。

这个问题与加拿大大西洋渔业科学建议委员会是加拿大政府渔业海洋部（DFO）的内部机构有关。正如斯蒂尔与其同事宣称，“在加拿大，渔业科学植根于国家，依赖国家，也服从于国家”。不仅如此，政治家们尝试着将科学纳入其管控范围中。在一篇更早的文章中，哈钦斯，沃尔特斯和海德里奇，三位加拿大科学家报导了加拿大的渔业科学家们收到了明确的不能讨论“政治敏感材料”的命令[18]。这并不让人惊讶，甚至在我们这个时代的气候科学领域，政府尝试让科学家们缄默以阻止他们传播与现行政策相悖的信息，特朗普执政时期的美国就是如此。在渔业方面，加拿大政府创造了各种繁文缛节以阻止科学家与记者们直接沟通。

让我们重新回到鳕鱼的话题上，这个结果使得科学家们的建议在某种意义上已经是错误的了，他们预测出了实际上并不存在的鱼类资源。更糟糕的是，这些科学家们的建议往往会被忽略，而当他们的建议被人们注意到时，政府总是在各种建议的可能性中挑选出理论上能产生最大经济效益的建议。所有的这些举措都不足为奇：加拿大政府从人民中获得选票（和经济贡献），而不是鱼类。因此，当他们面临选择时，他们倾向于讨好选民的选择。此外，汉密尔顿称[16]，渔民本身也通过不加区别的违法捕捞来忽略捕捞限额：

> 到20世纪80年代晚期，一些渔民发现了鱼群数量衰退的征兆。露天的船只和延绳钓渔船难以获得限额的渔获量了。为了找到剩余的鳕鱼，渔民们将船往更北的海域开去，使用更多的设备，加倍努力地捕捞。一些渔民开始捕捞螃蟹等其他海产品。在渔业法规上作弊——通过在夜间售卖没有上报的渔获，用小网眼装网，在海上倾倒副渔获——据说都是司空见惯的事。

除了错误预测北方鳕鱼的种群数量这一例子外，我们可以从中看到人类面临的另一个基本问题的例证：难以觉察到，如果人类过快地消耗资源，他们利用的资源将会消失。和其他例子一样，强大的心理学机制阻挠着决策者和经营者管理鳕鱼的捕捞。我们已经看过19世纪的捕鲸人们如何拒绝承认，或者至少拒绝公开承认，鲸鱼正走在灭绝的道路上而且很快就会完全灭亡。汉密尔顿和其他共同作者告诉我们[16]，鳕鱼身上也正发生着相同的事情，尽管他们的表达更加婉转，“他们对于正在发生的灾难感到无力阻止”——集体决策下的经典产物，在这种情况下，没有人敢明确地反驳大多数人的想法。

所以，在20世纪70年代，纽芬兰和拉布拉多的鳕鱼渔获达到了极高的产量，几乎无人能预料到整个行业已在过度开采剩余资源，实际上已开始毁灭它们。所有的评估结果都是错的，原因是对资源的高估、难以评估生产活动造成的影响，过于乐观等。20 世纪 80 年代北方鳕鱼的毁灭是对捕捞业的一次重击，但这并没有使鱼条彻底从市场上消失。渔业仅仅把产业重心转移到其他鱼类上。下一次你在超市购物时，看看鱼条的标签，你能在那找到：这些鱼条来自纳米比亚、阿拉斯加、南非、大西洋和其他地方。这些资源在被过度开采和毁灭之前又能持续多久呢？此时此刻，我们还不知道，但让我们拭目以待。

第四章　海洋的毁灭

Chapter

04.

The

Ruin

of the Sea

4.1 水产流失：渔业的崩溃

If something cannot go on forever, it will stop.

（Kenneth Boulding）

如果某件事不能一直持续下去，它就会停止。——肯尼思·博尔丁

太平洋是一片人类无法想象到的巨大的水域。它覆盖了五大洲，单是它就包含了地球表面 30% 的水。太平洋的洋流以漩涡的形式旋转着，这些漩涡被称为环流，推动着大量的水。然后，海洋边缘的不同温度造就了太平洋赤道潜流，使寒冷的深处海水向东移动。在正常情况下，这种洋流使营养丰富的海水上涌到南美洲海岸，但这种运动受到每隔几年就会改变方向的风的影响，就像海神在千年的睡眠中懒洋洋地旋转。秘鲁渔民给这个缓慢变化的洋流取名为厄尔尼诺（El Niño），意为孩子，在圣诞节期间，这种洋流会把温暖的海水带到海岸，给陆地带来雨水。在科学文献中，厄尔尼诺也用到了 ENSO（El Niño–Southern Oscillation，厄尔尼诺与南方涛动的首字母缩写）中（图 4.1）。

秘鲁渔民对这种洋流感兴趣是有原因的：他们的渔业依赖于它。随着厄尔尼诺的推进，风将浅层暖流推向海岸，下面上涌的海水上只剩下很少的营养物质。在这种情况下，浮游植物会饿死并消失，而鱼则会留在寒冷的深水中。渔民们对太平

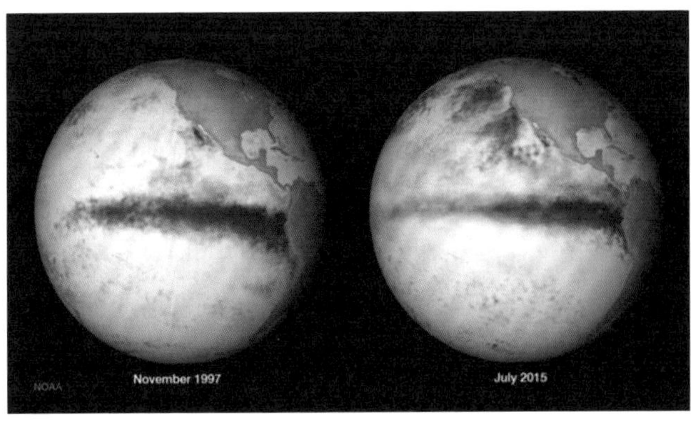

图 4.1　1997 年和 1995 年厄尔尼诺洋流的卫星视图。红色的带子表示表面暖流正向南美洲海岸移动。这是一条缺乏营养的洋流，不利于渔民。（图片来自美国国家海洋和大气管理局）

洋深处的洋流知之甚少，但他们知道，当厄尔尼诺来到时，他们只能捕捉到很少的东西，甚至什么也抓不到。相反，当表层洋流逆流（La Niña）时，温暖的海水被推向西部，上升的冷水可以到达表层，把海洋深处积累的营养物质带到那里。对于浮游植物和以其为食的动物来说，这是一场盛宴。它还为秘鲁渔民提供了大量的凤尾鱼。

厄尔尼诺现象是陆地生态系统循环如何影响人类活动的一个例子。它不仅会影响渔业产量，还会对内陆造成巨大的破坏。似乎公元 1 世纪到 7 世纪之间在秘鲁发展起来的莫希（或莫希卡）文明被一场特别漫长而强烈的厄尔尼诺摧毁了，厄尔尼诺导致了长时间的降雨，使农业遭到破坏。但是，在我们这个时代，人类活动往往与生态系统循环重叠，在任何情况下都会造成破坏。秘鲁凤尾鱼捕捞的历史就是一个例子：从 20 世纪 50 年代初开始，秘鲁的捕捞活动从使用简单的帆船进行的低强度当地活动转变为一种使用摩托艇、底部拖网和地面结构物对其进行的工业捕捞，并对凤尾鱼盐渍和罐装。结果是惊人的：根据粮农组织的数据，到 1970 年，凤尾鱼渔获量达到了 1618 万吨，但是，根据保利和泽勒[19]的数据，实际渔获量肯定比这个数字还要大，因为数量被低估了。这在当时是一个巨大的数字，因为当时全球鱼类总产量约为 6 000 万吨。最大捕获量发生在拉尼娜现象强烈、最适合捕鱼的时期。但是人类犯了狂妄自大的罪，过度骄傲。他们对能够获得的难以置信的财富感到惊讶，他们的捕捞达到了严重耗尽凤尾鱼种群的地步。他们没有意识到这个周期最终会开始逆转。随着 1972 年厄尔尼诺的到来，凤尾鱼捕捞也随之崩溃。后来，拉尼娜阶段未能扭转这一趋势。随着 1982 年强劲的厄尔尼诺，产量降至零。10 年后才恢复，但再也没有达到 20 世纪 70 年代初的水平。

秘鲁凤尾鱼生产的故事是大规模渔业崩溃中一个引人注目的例子，但不是唯一的，甚至不是第一个。早在 20 世纪 40 年代，在太平洋两岸的加利福尼亚州和日本，沙丁鱼捕捞就出现了类似的崩溃。这是一个不太为人所知的崩溃，因为它不是那么大：即使把这两个地区加起来，总数也达不到 100 万吨的上限，不到 1970 年鳀鱼捕捞吨位的 1/10。并且，对于沙丁鱼来说，没有类似厄尔尼诺的现象可以被指责。但这仍然是一场崩溃，是现代捕鱼业历史上的众多崩溃之一。

鱼类资源的崩溃并不是由于管理不善造成的偶然事件。它很常见，影响到所有的渔业。2005 年，在蒙彼利埃附近工作的一组法国研究人员耐心地检查了联合国粮农组织（FAO）关于世界各地渔业生产的数据：总共 1519 个数据集[20]。通过这项艰苦的工作，他们发现了 366 例鱼类资源崩溃的案例，在这些案例中，渔获量迅速减少到最大值的 10% 以下。他们的结论显然令人不寒而栗：

在 1950—2000 年期间，几乎 4 个渔场中就会有一个倒闭。在此期间，尽管人们对这种风险的认识不断增强，而且通过直接和间接方法进行的资源评估方法也有所改进，但在防止崩溃方面并没有明显的改善迹象。

是什么导致了这种崩溃？最明显的解释是，渔民只是捕捞得太多了，但正如通常发生的那样，辩论并不一定会产生知识，特别是如果一些参与者对辩论的主题有经济利益的话。19 世纪末，露脊鲸种群已经崩溃，捕鲸者将他们捕获的下降归因于鲸鱼变得胆小的事实，正如亚历山大·星巴克在他的《美国捕鲸史》（1876）中告诉我们的一样。因为鲸鱼被捕杀而导致鲸鱼消失的观点在政治上是不正确的，也不被接受。同样的看法在 20 世纪崩溃的各种生物中也很常见。对秘鲁凤尾鱼来说，责任在于厄尔尼诺；吃加拿大鳕鱼的是海豹；在其他情况下，是污染；对其他国家来说，是市场拉动不够；在另一些国家，仅仅是因为缺乏政府补贴，有了补贴渔民们可以购买更大、更强大的船只，用这些船只他们肯定能设法恢复到以前的捕鱼量水平。

19 世纪的捕鲸者的活动似乎没有得到政府的补贴，这可能就是当时被捕杀的鲸鱼幸存下来的原因，尽管数量很少。后来，在政府急于获得选票的情况下，渔业申请补贴成功。从20世纪60年代开始，世界各地都投入了大量的资金来发展捕鱼业。渔船变得越来越大，越来越强劲，不再是当地渔民的浪漫船只，而是真正的与鱼作战的战舰。但真正的革命是声呐：一种最初用于定位敌人潜艇的工具，现在用来定位鱼群。有了声呐，再加上卫星GPS数据，船长就能准确地知道鱼的位置。这是军方使用的搜索和摧毁策略的一种变体。

但是，尽管有声呐、全球定位系统、强大的引擎和新式浮船的拖网，帮助捕鱼业提高效率的整个想法还是有问题的，因为这些创新并没有提高捕鱼量。英国的渔业就是一个典型的例子。在2010年的一篇文章中，露丝·瑟斯坦和她的合著者[21]比较了捕鱼产量和英国渔船的捕鱼能力。他们发现，从1950年到1980年，捕鱼能力增加了10倍以上，但更强大的拖网渔船未能扭转英国捕鱼量的下降，到2000年，英国捕鱼量几乎下降到0。这一趋势在全世界都是一样的[22]。

插曲：半个多世纪后重现《老人与海》

1952年，欧内斯特·海明威出版了他的最后一部小说《老人与海》。这是一个充满象征意义的故事，可以与赫尔曼·梅尔维尔大约一个世纪前写的小说《白鲸记》相媲美。就像在《白鲸记》中一样，故事讲述了一个人与一条巨大的鱼之间的一场大战，这种鱼是马林鱼，一种因身前有剑而与剑鱼相似的生物。在这两部小说中，史诗般的故事告诉我们作为人类的深刻意义，以及人类如何与周围的世界联系和相处。

除了象征意义外，海明威的故事还可以告诉我们一些关于捕鱼和资源枯竭的事情。在 1952 年的时候，马林鱼已经被摩托艇大量捕捞，尽管它还没有像今天这样面临灭绝的危险。让我们感到惊讶的是，大约半个世纪前渔民可以遇到一条大到他甚至不能把它拖到船上的鱼，但我们现在已经看不到这么大的鱼。马林鱼的变化是丹尼尔·保利定义的“基线偏移”案例之一。今天，在墨西哥湾能捕到几公斤重的鱼的渔民被认为是幸运的，甚至他们可能不会想到，在早些时候捕到更大的鱼都是正常的。

我们没有关于墨西哥湾长期平均捕鱼量的详细定量数据，但我们有一系列图像，让我们对大约半个世纪以来的变化能有深刻的认识。这些照片来自洛伦·麦克拉里琴 2009 年发表在《保护生物学》上的一篇文章[23]。这些都是在佛罗里达州基韦斯特岛的港口拍摄的捕鱼战利品的照片。我们将向你展示其中的一些，但不作评论；只是请注意，在 20 世纪 50 年代，也就是《老人与海》的时代，你确实可以捕到比渔民更大的鱼（图 4.2、图 4.3、图 4.4 和图 4.5）。

图 4.2　1958 年在基韦斯特海域神奇的捕鱼场景。鱼比渔夫大得多[23]。

图 4.3　1966 年基韦斯特的捕鱼情况[23]。鱼很大，但已经并不比渔民大了。

图 4.4　1980 年基韦斯特的渔业 23。不再那么神奇了。

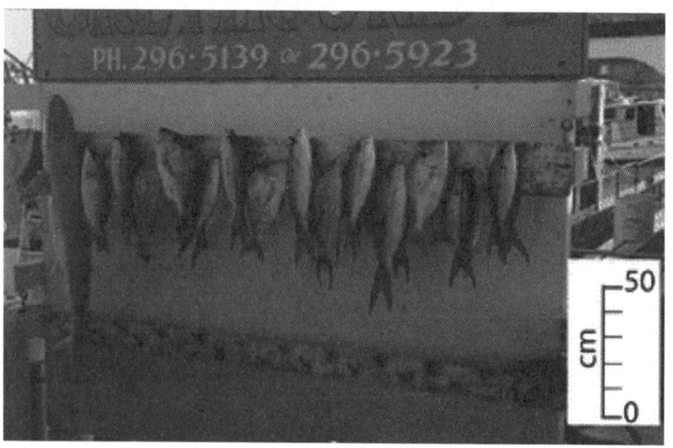

图 4.5　2007 年基韦斯特的渔业。最近的捕获，一点也不神奇。

描述渔业变化的一个的词是“枯竭”，鱼类资源不像以前那么丰富是一个简单的事实。但这是一个政治上不正确的术语，没有人想听或读它。直到 1998 年，丹尼尔·保利取得了突破性进展，才结束了这场争论，并几乎让所有人相信，资源的枯竭才是问题所在[24]。保利和他的同事们使用了一个众所周知的概念来检验渔业的衰退：营养链。

你可能还记得在高中时候学过的营养链的概念。这个词来自希腊语中用在生物学中似乎有点不合适的“trophy（战利品）”一词。但如果我们认为每一个有机体都试图抓住它的战利品食物，那么使用这个词是有逻辑的。在一个生态系统中，每种生物都有自己的食物目标，反过来，它们也是其他生物的食物目标。一个有机体的营养水平就是它在食物链中所占的地位。更确切地说，一个生物体的营养水平是从营养链开始的步骤数。食物链始于第一营养级，包括植物等初级生产者。然后是第二级的食草动物，第三级的食肉动物。可能还有更高级的营养级，顶级掠食者可能在四级或五级。实际上，食物链不是金字塔式的：它是周期性的，所有的食物都会被重新投入使用。当然不会有动物像狮子这种食肉动物追逐并吃掉羚羊一样吃掉人类，但人类的尸体会被整个昆虫和细菌生态系统非常高效地回收利用。

营养链的问题不只是用整数表示营养等级这么简单。动物通常有各种各样的饮食，不止以一个营养级为食。这导致了霍华德·奥德姆和他的合著者希尔德在 1975 年提出了“部分营养级”（FTL）的概念[25]。在不详细说明的情况下，让我们假设生态系统中的每个物种都有一个营养等级，这取决于它与所有其他物种的相互作用。在一个复杂的生态系统中，捕食者/猎物关系涉及多个物种，这一水平可能只是一个小数。一般来说，一个生态系统越复杂、越重要，其平均营养等级就越高。换句话说，可运转的和健康的生态系统可以支持高营养数量的顶级捕食者的存在。相反，如果生态系统遭到破坏并失去复杂性，这些顶级捕食者将首当其冲。例如，人类活动已经严重破坏了欧洲的生态系统，顶级食肉动物如熊和狼，几乎在欧洲各地消失。

21 世纪初，保利开始将部分营养级的概念应用到海洋生态系统中。他和他的合作者测量了全球渔获物的平均营养等级，以及这个等级在大约 50 年的捕鱼过程的变化。他们发现，1950 年的平均营养等级约为 3.4，1995 年降至 3.1 左右。就内陆渔业而言，平均营养等级已经从 3 下降到 2.7[24]。这些结果是人类活动对海洋和淡水生态系统影响的首批定量指标之一。

甚至比保利和他的合作者更早，数学家维多·沃尔泰拉已经建立了一个数学模型来解释第一次世界大战期间亚得里亚海渔民捕捞量的波动。我们将在后面详细讨论沃尔泰拉模型。这里的要点是，当唯一可用的数据是渔业产量时，通常很难估计海洋中鱼类的数量。但沃尔泰拉和保利分析的数据不能用其他任何方式来解释，只能假设人类捕鱼已经影响到海洋生态系统的最高营养级，以至于整个生态系统的平均营养级都下降了。海洋生态系统正经历着与森林生态系统在过去几个世纪中由于人类活动所造成的同样的简化和破坏过程。这种退化发生在地球上的许多地方。

保利的工作获得了很多反响，这也跟他的宣传能力有关。在 2009 年《新共和》的一篇文章中[1]，他写道：

> 我们的海洋是一个巨大的庞氏骗局的受害者，与伯尼·麦道夫一样冷酷无情的世界渔业斗争。从 20 世纪 50 年代开始，随着他们的运作日益工业化，船上的冰箱、声学鱼类探测仪，以及后来的 GPS，他们首先耗尽了北半球的鳕鱼、大比目鱼的储存量。随着这些鱼群的消失，这些船队向南移动，到发展中国家的海岸，最终一直到南极洲的海岸，寻找冰鱼和岩鳕鱼，最近，寻找小的磷虾。随着沿海水域资源的减少，渔业向离岸更远、更深的水域转移。最后，随着大鱼开始消失，船只开始捕捉以前认为不适合人类食用的更小、更丑的鱼。

在这篇文章中，保利建议采取协调一致的行动来避免鱼类灭绝，但正如可以预期的那样，除了否认证据和继续指责人类贪婪以外的因素外，几乎没有采取什么其他行动。这包括了流行的“绿色打击”方法，即指责环保人士制造了他们试图避免的问题。例如，2018 年，特朗普政府将森林大火造成的数百人死亡归咎于激进的环保主义者，因为他们不想砍伐树木。2020 年初，澳大利亚发生了同样的火灾，原因是不明纵火犯。的确，超市停车场不会发生森林火灾，但把森林变成停车场对生态系统没有好处，甚至对人类也没有好处，这也是事实。但这是每次重大生态灾难后辩论演变的典型方式之一。

今天，我们在这里，保利描述的“水产流失”仍在如火如荼地进行着。让我们看看关于捕捞产量的最新数据（图 4.6）：注意传统捕捞是如何在 20 世纪 90 年代达到顶峰，然后开始逐渐下降的。与此同时，我们看到了水产养殖的快速增长：人工饲养鱼类和无脊椎动物。这些数据可以用不同的方式来看待。对乐观主义者来说，水产养殖的发展证明了人类智慧的成功，人类智慧设法克服了鱼类资源枯竭的问题，创造了一种新的清洁和可持续的食物来源。但悲观主义者可以指出，这张图表是有误导性的，因为很大一部分传统渔获物现在被用于喂养水产鱼类。此外，水产养殖在一定程度上也被认为是陆地农业的产物，因为养殖的鱼通常用蔬菜饲料和养猪场的废料喂养。因此，总产量的扩大很大程度上是因为相同重量的食物被计算了两次。这还不是唯一的问题：传统捕鱼的渔获量可能被严重低估，这是另一个使水产养殖看起来比实际情况更好的因素。

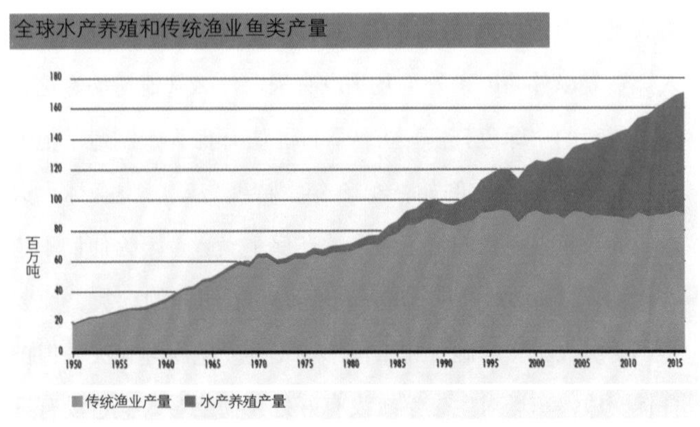

图 4.6　全球水产养殖和传统渔业鱼类产量。（粮农组织的数据）

稍后，我们将看到对水产养殖更详细的描述。在这里，让我们只注意它不能被认为是解决过度开发鱼类资源的办法。我们会看到“鱼的末日”吗？这似乎是丹尼尔·保利在他的新书《消失的鱼》（2019）中提出的想法。我们很难想象，至少在不久的将来，海洋会完全没有生物。但向海底的竞争仍在继续，也就是说，在食物链的更深处捕鱼。通过这种方式，我们正在破坏整个海洋生态系统。而且，过度捕捞并不是对生态系统的唯一威胁：污染和海洋温度的逐渐上升也破坏了鱼类资源。从长远来看，这些综合因素可能真的会导致鱼群枯竭。但这是一个很长的故事，必须一步一步地讲，就像我们在这本书中做的那样。

4.2 塑料岛：污染海洋

Plastic is wonderful because it is durable.

Plastic is terrible because it is durable.

——A plastic Ocean.[26] Docufilm by Craig Leeson, 2018

也许你还记得电影《毕业生》（1967）中的一句台词，达斯汀·霍夫曼饰演的主人公被告知，他的未来就在于一个词：塑料。这句话已经有了一定的讽刺意味，但在当时，没有人能想象到塑料污染，尤其是海洋塑料污染，在几十年后会带来什么样的灾难。

塑料污染可能被视为对海洋的最新损害，但不是唯一的。它与不加区分和破坏性的捕鱼以及各种来源的污染造成的海洋环境破坏一起出现。我们已经看到，我们的祖先为了捕鱼，不顾一切地在整个水体中下毒。但他们无法想象，有一天，人类将会毒害整个海洋。这是我们生活的富足所造成的结果：在人类历史上，我们从来没有像现在这样富足过。我们如此富有，是因为我们一直在破坏使我们富有的资源，这是一个我们还不明白的矛盾。

这里的主要问题是，我们的生态系统有物理限制，没有任何技术可以克服。让我们以农业用地为例：可耕地是有限的。单位面积产量确实可以通过各种技术手段来提高，但仍然存在一个事实，即植物的产量不能超过现有的可利用的阳光流量。化肥、灌溉或转基因生物等技术可以帮助植物接近这一极限，但极限是无法克服的。这些限制不仅仅是可用面积的问题：我们也在破坏农业生产粮食的肥沃土壤。你有没有注意到，经济体制付钱给农民，让他们把土壤中的营养物质以食物的形式带走，却不付钱让他们把营养物质放回去？这是我们经济体制的诸多矛盾之一。

这些增长的限制不仅是化石资源等不可再生资源固有的，也是可再生资源固有的。对于一个工业过程，我们从什么开始并不重要：它总是会产生一些污染。如果这个过程是从可再生资源开始的，原则上废物也应该是可再生的。但是，即使是理论上的可再生资源也可能产生废物，降解速度不够快，无法避免在生态系统中积累，造成各种破坏。这就是我们所说的污染。

污染正在毒害一切。半个世纪以前，塑料看起来就像一个小盒子：这种新材料的多功能性似乎是无限的；所有种类的塑料轻、耐用、耐腐蚀，而且最重要的是便宜，因此有广泛的用途。正是廉价的塑料引领了从瓶子到餐具等一次性产品的时代。其结果是塑料生产和使用的显著扩张。如今，全球塑料年产量超过 3 亿吨，消耗了世界化石烃产量的 4% 左右。

对一些人来说，塑料产量的不断增加似乎是人类智慧的胜利，也是工业技术力量的一个例子。但直到最近，我们才开始认识到塑料有好处也有坏处：塑料产品在使用后会变成废物。这些废物会怎样呢？实际上，世界上生产的塑料中只有不到10%是被密封的，大约12%被焚烧，其余的分散在环境中或堆积在垃圾填埋场[27]。这是一场灾难，尤其是考虑到塑料无法真正回收。你可以把用过的塑料制品加工成新的塑料制品，但这只能进行有限的循环次数，最终，这些塑料制品将不得不被焚烧或扔进垃圾填埋场。塑料不能永远回收的原因是，每次回收都会产生劣质的混合材料；这被称为下行循环。就塑料而言，下行循环是在回收垃圾时必须混合不同种类的塑料的结果。但这是回收利用的一个普遍问题：大多数金属都含有这种物质，除非通过复杂而昂贵的程序将它们恢复到最初的纯净状态。

因此，被丢弃的塑料永远不会完全消失。即使你燃烧它，它会变成气态的碳，产生其他污染问题——在这个过程中会排放出各种有害物质，比如噁英。即使塑料可以以一种完全清洁的方式燃烧，这个过程仍然会增加大气中的二氧化碳，使全球变暖问题更加恶化。实际上，大多数塑料垃圾最终会散布在世界的任何角落：城镇、乡村、森林，甚至你的家。大多数被丢弃的塑料最终会随着河流和小溪流入大海。根据人类的标准，这些塑料垃圾即使不是永远留在大海中，至少也会在海洋中停留很长一段时间。（图4.7）。

海洋垃圾带来了巨大的社会和环境代价，我们才刚刚开始发现这一点。微小颗粒形式的废物正在严重破坏生态系统，因为它可以被各种各样的物种摄入，对海洋食物链底层的生

图 4.7　非洲海滩的塑料污染。所有这些物质最终会被冲进海洋，变成塑料微粒，污染各种海洋生物。

物，包括供人类食用的海鲜，有负面影响的风险。比利时根特大学的科学家计算出，吃贝类的人每年会吃掉多达 11 000 块塑料[28]。我们只吸收不到 1% 的这些微粒，但随着时间的推移，它们往往会在我们体内累积。这些发现引起了全世界的极大关注，但比利时人尤其担心，因为比利时是欧洲贝类和贻贝最大的消费者之一。还有更多的研究表明鱼和海鲜是如何被微塑料污染的。像《塑料海洋》[26] 这样的纪录片描述了这些现象。

直到最近，这场袭击海洋的灾难才开始引起公众的注意。因此，各国政府正在考虑采取措施阻止这一趋势，或者至少避免最糟糕情况的出现。到目前为止，能想出的最好的办法都是一些软弱无力的措施，比如可退还的塑料瓶押金，从塑料吸管到纸质吸管等等。有效措施将包括通过高额的

“塑料税”来立法减少塑料生产，但这种措施在公众中将是不受欢迎的，而且，到目前为止，没有一个政府敢于反驳当前的观点，即经济增长是第一位的，但对污染一点都不好。

政府和工业体系采取的一些措施不仅过于薄弱导致无法发挥作用，而且可能会使问题恶化。例如，普遍向生物塑料发展看起来是个好主意，但也可能不是。生物塑料通常是一种复合材料，它含有生物来源的聚合物和更传统的由化石燃料制成的聚合物。最终产生的物品通常不可能回收，因为回收传统塑料而创建的工业设施从未考虑过这些新材料的处理。然后，据说生物塑料是可堆肥的，从理论上讲，这是可行的。但堆肥是一个复杂的需要时间的过程，还会使得许多生物塑料物体堆积在海滩和海洋中。最终，生物塑料将被自然分解并返回生物圈，但这可能需要很长时间，如果我们想通过生物塑料做一些有效的事情来对抗污染和气候变化的话，这可能需要很长时间。

因此，塑料问题似乎是我们所面临的众多问题之一，除了那些涉及停止，甚至减少经济增长的解决方法之外，我们无法找到其他解决方案。那我们是如何走到这一步的呢？这是一段很长的历史，始于一个多世纪前的 1907 年，当时比利时根特大学的毕业生利奥·贝克兰发明了一种名为“贝克莱特”（贝克莱特，又可以为酚醛塑料）的材料。他后来承认，这是一种意外，但它开创了一个新时代。起因是贝克莱特一直在寻找一种可以替代在木制品上形成坚硬防水涂层的虫胶漆。虫胶是由蟑螂壳制成的，贝克莱特直觉地认为应该使用合成树脂来浸渍木材产品。他发现这种方法有很好的效果，于是他搬到美国，用酚醛塑料的品牌名将这种方法商业化。

酚醛塑料是一个巨大的成功，不仅因为它让蟑螂平安地生存（与此同时，蟑螂已经在陆地上广泛分布，这与水母在海洋中的故事是一样的）。酚醛塑料轻便、便宜、耐腐蚀、安全，迅速成为世界范围内广泛使用的产品。这是有史以来第一种塑料，但在 20 世纪上半叶，它的发展速度令人难以置信：无数新的塑料材料被开发和销售，包括聚苯乙烯、聚酯、聚氯乙烯、尼龙和许多其他材料迅速占领了日常生活的各个领域。然后，在 1950 年，出现了一种产品，它后来成了海洋的真正噩梦：一次性塑料袋。随后，一次性塑料制品被广泛使用，从瓶子到杯子、餐具，甚至衣服。

麦克阿瑟基金会的一份报告[29]估计，到 2050 年，海洋中塑料的总量将超过鱼类的总量。但最让公众印象深刻的是 1997 年查尔斯·J·摩尔在太平洋上发现了一个巨大的塑料岛，这距离塑料首次出现已经过去了 90 年。摩尔在夏威夷和加利福尼亚之间的海上航行时，遇到了现在著名的太平洋垃圾带。这是一个由于一些洋流的运动集中了漂浮碎片而积累起来的巨大的垃圾漩涡。自从这个发现以来，关于这一小块区域的大小一直有激烈的争论。有人说它有德克萨斯州那么大，有人说它不超过法国的两倍；不管怎样，它是巨大的。联合国环境规划署宣布，它的增长速度非常快以至于现在从太空都可以看到（图 4.8）。

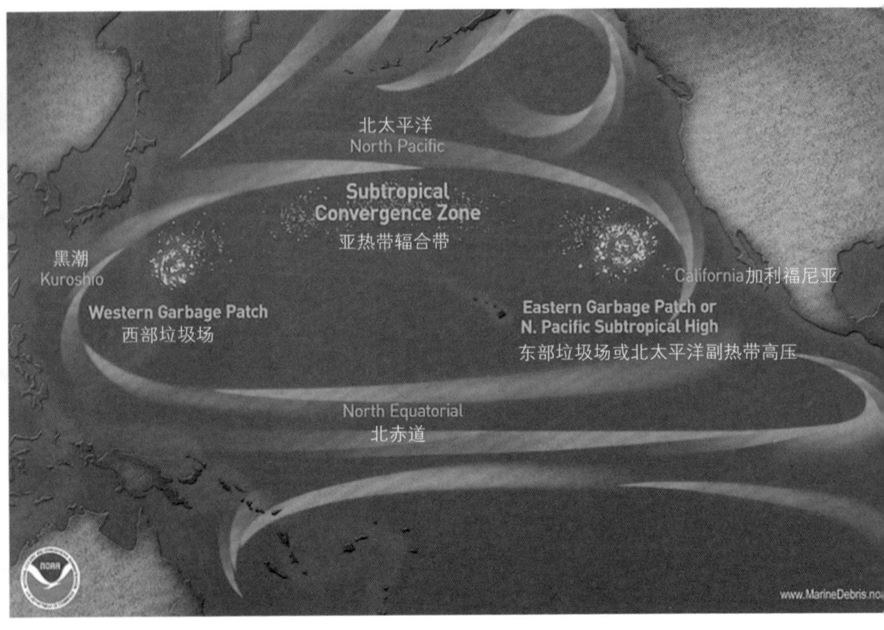

图 4.8 查尔斯·摩尔于 1997 年首次观测到的两个主要太平洋垃圾带的位置。

在他的探险中，摩尔还观察到这个岛不仅仅是由瓶子、袋子和聚苯乙烯块组成。真正让他担心的，以及从那以后一直让活跃分子和科学家们担心的是在表面塑料层下旋转的微粒塑料组成的巨大胶状物。自那以后，许多研究得出结论，世界上的海洋中已经有超过 5 万亿塑料碎片，其中大部分是以微塑料的形式存在，这是一种粒径小于 5 毫米的颗粒，通常比 5 毫米小得多，肉眼无法看到。

微塑料的来源多种多样。以所谓的微球体为例，即在一些化妆品和牙膏中发现的微小塑料球。或者，想想微纤维，用于合成衣物的线，它们在洗衣过程中丢失，最终也会流入大海。但就微塑料而言，最大的问题是用于包装的一次性塑料材料。自相矛盾的是，一些被贴上环保标签的生物塑料的生物可降解性使它们变得更加危险。这些生物塑料在水中不能完全降解，而是碎裂成肉眼看不到但仍然存在的颗粒。有些颗粒与鱼吃的食物大小相同。这些微塑料颗粒也是亲脂的，也就是说，它们表面可能形成一层薄薄的海藻，使它们闻起来甚至像营养丰富的食物[30]。

考虑到浮游生物是海洋食物链中的关键元素，其影响是显而易见的：微塑料很容易进入我们的食物，事实也确实如此。幸运的是，大多数颗粒是在鱼的肠子里发现的，因此，大多数颗粒在鱼端上我们的盘子之前就被清除了（除非我们想要再次吃古罗马的鱼脂）。但如果我们吃整条小鱼，特别是海鲜，如贝类或甲壳类，微塑料会对我们的身体有更大的影响。国际海洋环境保护专家小组（GESAM）发布了一份关于全球微塑料影响的评估报告[31]。这项研究证实，塑料污染已经记录在数以万计的有机体和超过 100 个物种中。此外，问题不仅在于微塑料，还在于它们所携带的污染物。它们具有化学活性，易于吸收各种污染物，如二噁英[32]，然后进入食物链，最终到达营养链的顶端，并传给人类。

到目前为止，在鱼类中发现的微塑料并没有被认为是影响人类健康的主要污染物。但是，如果我们继续以这种速度发展下去，风险只会增加，在 10 到 20 年后，情况可能会大不相同。据联合国粮食及农业组织（FAO）的报告，全世界 10% ~ 12% 的人口以渔业和水产养殖为生。人均每年的鱼类消费量从20世纪60年代的10公斤增加到2012年的19公斤以上。因此，人类与微塑料的接触增加了。

塑料污染只是人类活动对海洋环境产生的重要影响之一。还有更多的污染物质被人类释放到海洋中。在最终进入海洋的多种有毒物质中，汞是一种，它是海水中存在甲基汞的原因。甲基汞是一种高毒性物质，是由工业生产的无机汞在水中生活的厌氧生物作用下形成的。甲基汞造成了许多悲惨的中毒案例。最严重的一次发生在20世纪50年代，当时日本水俣湾的一个渔村的居民吃了被当地一家化学公司排放的废水污染的鱼，发生了中毒。这个问题是全球性的。汞一旦被鱼摄入，不能迅速消除；相反，它会通过生物放大，也就是说，它的浓度会随着水生食物链向上移动而增加。在食物链的顶端，汞的浓度可能是水中的100万倍。最近的一项研究[33]显示，和21世纪相比，在20世纪70年代，鳕鱼多吃了8%的鲱科的小鱼。捕鱼导致鲱鱼数量减少，迫使鳕鱼更多的以更大的鱼、甲壳类动物和其他含有更多汞的大型无脊椎动物为食。结果是，在21世纪初，大于10公斤的鱼体内的甲基汞浓度比20世纪70年代增加了20%。我们可以看到，过度捕捞对海洋生物营养结构的扰动会对鱼体内有毒甲基汞的数量产生灾难性的影响。

人类活动造成的另一个重要的海洋污染影响是全球变暖。已经有重要的科学结果表明，气候变化对海洋的影响会使一些鱼类的体型减少20%～30%[34]。该研究解释说，鱼类是冷血动物不能调节自己的体温，因此如果他们住在加热的水中，他们的新陈代谢加速，他们需要更多的氧气来支持他们的身体机能。

因为氧气在水中溶解度随水温的增加而降低，鳃不能给较大的身体提供足够的氧气，所以鱼会停止增长。

该研究的作者之一丹尼尔·保利解释说，随着鱼的生长，它们的体重会增加，因而对氧气的需求也会增加。水里的氧气通过鱼鳃进入鱼的呼吸系统，这就需要相应地增加鱼鳃表面的面积。但据悉，鳃的生长速度与身体其他部位的生长速度不同。例如，如果像鳕鱼这样的鱼体重增加了 100%，它的鳃只会增长 80% 或更少。如果将这一生物学规则纳入气候变化的背景中，就会加强这样一种预测：随着气候变化导致海洋中氧气减少，鱼类的体型将会缩小。这一因素与鱼类资源的过度开发结合在一起，造成了食物网不可预测的变化。有些物种可能更易受这些因素的影响。金枪鱼运动速度快，需要更多的能量和氧气，比其他消耗能量较少的鱼类体型更小。很明显，这些因素影响捕捞产量，海洋食物链将受到影响。

最后，这个星球是我们唯一的家园，我们所拥有的东西都在这里。就像 1719 年丹尼尔·迪福小说中的主人公鲁滨逊·克鲁索一样，我们乘坐地球这艘独特的船开始了一段旅程，我们似乎注定会消耗掉最后一滴燃料和最后一包食物。这种方法必须改变，这也是我们面临的一个重要挑战：我们需要迅速改变我们的经济和政治体系，以减轻废物对生态系统的破坏。我们的海洋，陆地脊椎动物在数百万年前开始生活的地方，正受到人类活动的强烈威胁。人类开始在这个星球上探险建立文明的时候，就在冒着文明衰落的风险。

4.3 海洋的报复：海平面上升

You don't listen to the science because you are only interested in solutions that will enable you to carry on like before. Like now. And those answers don't exist anymore. Because you didn't act in time.

——Greta Thunberg, 2019

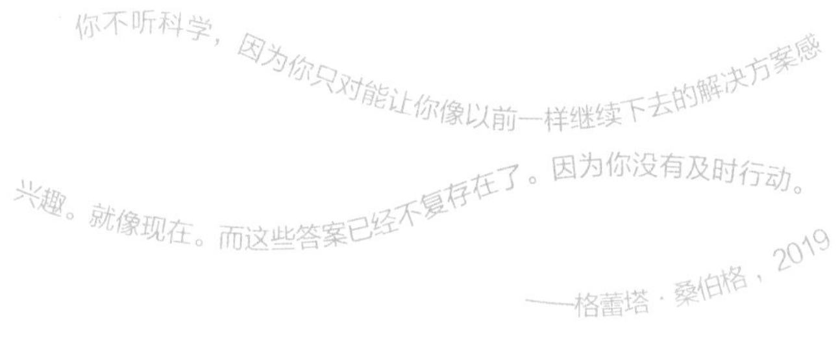

如果你去参观法国尼斯附近阿马塔的考古发掘，你会惊讶地在城市背后海拔高度约 25 米的高山上看到生活在 30 万年前的人留下的痕迹。但是，这个村庄是靠近海岸创建的。那个村庄可以追溯到“里斯间冰期”，在那个时期，冰盖没有现在那么大。导致这种现象的结果是海平面上升。

我们认为，除了潮汐和风暴造成的小波动外，海洋在目前的边界是稳定的。但从长远来看，情况并非如此。第四纪的温度循环，在过去的 250 万年里，是一个真正的过山车，至少有 8 个冰川期和同样多的间冰期。我们恰好生活在一个间冰期，在过去的 12 000 年左右相当稳定，这段时期我们称之为全新世。有些人声称全新世已经结束，人类已经创造了一个叫作人类世的新时代，但我们不在这里讨论这个话题。事实是，在地质时代，海洋的边界根本不像它们在人类生活甚至有记录的整个人类历史中所表现的那样稳定。在冰期和间冰期之间的过渡时期，冰盖形成和融化，会导致海平面上升和下降几十米。

一旦我们开始讨论这个问题，我们就会想到一些基本的问题。为什么陆地和海洋之间的距离如此之大？为什么地球没有完全被水覆盖？这些水是从哪里来的呢？答案涉及一个很长的故事。45 亿年前，地球刚刚由太阳系中的固体碎片凝结而成，它可能是一个不可能存在液态水的炽热的熔岩球。但是，大约 38 亿年前，甚至更早几亿年，液态水已经出现了。在 40 亿到 25 亿年前的太古代时期，大量的水似乎是通过内部半熔融岩石的排气到达地球表面，但主要由冰构成的水也可以通过太空中撞击彗星形成。在这个漫长而遥远的时期中，真正的大陆并不存在；地球主要被水覆盖，只有火山岛出现在水面上，这与今天的夏威夷很相似。没有多细胞的动物或植物，只有微小的单细胞生物生活在海中。

随着时间的推移，地球表面开始冷却，地壳开始变厚。出现了由较轻物质组成的板块，它们漂浮在被称为软流层的深层区域的半熔融岩浆上，形成了大陆。这些板块的形成似乎开始于太古代和元古代之间的范围，大约在 25 亿年前[35]。那时，板块在底层流体对流运动的影响下开始移动。今天，这是一个非常缓慢的运动，每年几厘米，可能早期元古代年轻地球的运动也没有快多少。但这些运动所包含的能量是巨大的，正是因为这种能量，两个板块在碰撞时形成了山脉。这些碰撞也产生了各种各样的现象，使地球成为一个有生命的星球。在这场伟大的运动中，水在大陆和大陆之间聚集，形成了独立的海洋。

可能很久以前，地球上的液态水比现在更多。但随着时间的流逝，彗星的轰击几乎消失了，海洋也逐渐失去了水分。部分原因是蒸发和紫外线作用的结果，紫外线使水分子分解成氧和氢，后者很轻，在太空中消失了。但今天这种消耗是很小的，最重要的消耗是由于大陆板块边缘的海洋地壳的俯冲作用造成的。这种效应将硅酸盐水合物带入地幔，据估计，总有一天海洋会像一个漏水的浴缸一样被清空。但这是一个非常缓慢的地质过程：海洋预计会消失，不是因为它们会被地幔吸干，而是因为它们最终会随着太阳亮度的逐渐增加而蒸发，这是恒星的自然演化。但我们不必对此过于担心：在太阳变得足够热，导致海洋蒸发之前，至少还要过 10 亿年。

现在，我们的海洋面临着更为紧迫的问题。随着全球变暖的加剧，冰盖预计将会融化。在这一点上，我们有时因为“当冰块在玻璃杯中融化时，并不会导致水位上升”，而认为我们不必担心。但我们说的不是浮冰的融化，而是陆地上的冰的融化：这些冰的融化确实增加了海平面。海平面上升也是海洋变暖的结果：因为当温度上升时，水也会膨胀。因此，我们现在看到的海岸并不意味着它将永远留在那里。由于各种现象，它甚至可以在短短几年内发生变化；不仅是海平面的上升和下降，陆地也会因为各种构造现象而上升或下降：有时被称为缓震。由于这些原因，许多古代港口要么在陆地上，要么已经消失在水下（图 4.9）。当水下地震产生的巨大波浪，也就是海啸到来时，它将海岸线至少 1 公里范围内的一切人为因素都抹去了，正如我们在 2011 年的日本和 2004 年的印度尼西亚所看到的那样（图 4.10）。

持续的全球变暖预计不会造成像海啸这样的突发事件。这可能是一个缓慢而渐进的现象，但考虑到现在沿海地区建造的大量城市，它仍然会给我们带来可怕的破坏。要造成灾难，我们不需要几十米的水位变化，仅仅几米就足以给港口和海岸附近的生活造成严重的困境。这是在相对较短的时间内可能产生的效果。据估计，格陵兰冰盖的融化将使海平面上升 7 米，南极冰盖的融化将使海平面再上升 58 米。

图 4.9　2008 年基奥贾的最高水位，意大利威尼斯环礁湖的城市之一。

图 4.10　日本画家葛饰北斋的名画《大浪》（约 1830 年）。大海通常是平静的，在它的边界内，但我们都会感到一种本能的恐惧，觉得一个巨浪可能会把我们消灭，虽然不一定如此。在日本，这些巨大的海浪被称为海啸，这个词今天在全世界都被使用。

累计可达到 65 米左右。再加上水的热膨胀效应，海平面的升高会再次加巨。你还得考虑到大海不是浴缸，它是一个受各种力量影响的复杂存在。由于重力的影响，某些地区的海平面可能会上升得更多。例如，格陵兰岛的冰川非常巨大，它们会产生真正的潮汐效应，就像月球一样。如果它们融化了，它们对周围海水的引力就会消失，因此，格陵兰岛周围的海水将会下降而不是上升。作为补偿，美国东海岸的海平面将进一步上升。在数千年的时间里，我们还会看到一种被称为“均衡反弹”的效应，它导致不受冰帽重量影响的领土上升，这部分领土会漂浮在软流圈上。这种反弹将导致当地海平面明显下降，但可能导致其他地方海平面进一步上升。我们讨论的不仅仅是理论模型。这些都是过去发生过的事件，因此也有可能再次发生。

要过多久我们才会发现自己陷入海平面上升的可怕困境？我们不能肯定。全球海平面的第一次测量是在 1900 年左右。在一个多世纪的时间里，海平面上升了 16 ~ 20 厘米。虽然没有很多，但它一直在上升。过去冰盖融化和冰盖形成的事件持续了数千年，但这个过程往往会被突发事件打断。最近的一次（从地质学角度来说）发生在大约 12 000 年前，当时阻挡阿格西湖湖水的冰坝倒塌，大量的水被困在北美大部分地区的冰层中。结果是大量的淡水被释放到海洋中，对气候造成了几十年的深远影响。这次倒塌激发了 2002 年动画电影《冰河世纪》的灵感。显然，电影中的松鼠、猛犸象和所有动物都是纯粹的幻想，但洪水的场景是基于古代冰川屏障的崩塌和阿格西湖的迅速干涸构造的。在真正崩溃的时候，似乎没有人住在这个地区，但是，如果有人在现场观看，他们会发现这是真正壮观的事件，比电影中更壮观，但他们可能会活不下来。幸运的是，目前的冰川中没有这样的湖泊，但如果特别脆弱的冰盖（如南极洲西部的冰架）崩塌，可能会造成灾难性的影响。简而言之，我们不知道会发生什么，也不知道会有多快，但如果我们不想看到我们的城市被洪水淹没，最好保持谨慎。

插曲：远离大海

全球变暖造成的海平面上升将是未来的一个主要问题，目前提出的解决方案是开始建造大坝，以防止城市和港口的洪水。用水坝来控制河流的流量早在几千年前就已经实现了，但控制海洋要困难得多，成本也高得多。实际上，只有在荷兰才有大规模的建造，那里的人们在中世纪就开始建造堤坝了。荷兰人是建造堤坝艺术的大师，荷兰的风景以古老的风车而闻名，这些风车曾被用来将围垦的水抽出去，使其释放出来应用于农业（图 4.11）。

即使是荷兰人开发的复杂系统也并非总是完美的：中世纪就已经发生了大洪水，最近的一次是在 1916 年和 1953 年。自那以后，荷兰没有再发生过重大灾难，但在一个气温迅速上升、失去控制的世界里，如何（以及是否）可能控制未来的海平面上升，想想就令人担忧。

另一个主要的海平面控制措施的例子是“MOSE”系统，该系统旨在保护意大利的威尼斯免受潮汐和风暴造成的周期性洪水。它的名字取自圣经人物摩西（意大利语中为 Mosè），据说他能够分开红海，让他的国民通过。到目前为止，不幸的是，意大利 MOSE 没有圣经中的摩西做得那么好。该项目一直深陷丑闻和腐败的泥潭，几近完工的系统未能阻止

图 4.11　荷兰金德代克建于 18 世纪的风车，该地区现在是世界遗产。

2019 年威尼斯的洪水。

MOSE 系统的最大问题是关口不能固定而是可移动的。这有两个原因，一个是必须维持船只进入威尼斯的通道。另一个更重要的是，如果 MOSE 是一个固定的屏障，它将阻止水与亚得里亚海的交换，这个活动的屏障是防止泻湖变成下水道的根本。你可以想象建立这样一个复杂的系统所涉及的问题和成本。除了工程上的问题，整个想法可能会彻底过时：这个系统只是在偶然的情况下才能够阻止涨潮。但是，随着全球变暖导致的海平面上升，它可能不得不成为破坏泻湖生态系统的永久屏障。

在这个问题上，我们还可以提到亚特兰大的故事，这是一个由德国建筑师赫尔曼·瑟格尔在 20 世纪 20 年代提出的想法。就疯狂而言，这个想法肯定是名列前茅的。瑟格尔提议在直布罗陀海峡上建造一座大坝，以阻断从大西洋流入地中海的水流。由于从大西洋流入的水补偿了地中海一侧温暖海水的蒸发，阻断的结果将是地中海海平面下降，从而释放出大约 60 万平方千米的新土地，大约是意大利国土面积的两倍。此外，大坝还能产生水力发电，瑟格尔估计其发电量约为 5000 万千瓦。当然，这对地中海生态系统来说也是一场灾难，带来未知的、可能是无法想象的灾难性气候影响。而 5000 万千瓦的发电量比意大利目前安装的总发电量还要少。奇怪的是，这个疯狂的想法在当时似乎得到了认真对待。当然，在今天，人们会根据这种提议的本质来评判它：纯粹的疯狂。随着时间的推移，我们似乎至少在一些事情上获得了一定程度的智慧（图 4.12）。

但是建造巨型水坝的想法并没有消失：相反，随着全球海平面的上升，它变得越来越重要。例如，建造一系列堤坝将北海与大西洋分隔开来的想法已经被提出过不止一次。

图 4.12 亚特兰特罗帕项目——在直布罗陀海峡筑坝后地中海会是什么样子

最近的一次是在 2020 年[36]。它被认为是拯救欧洲西北部和英格兰东部，包括伦敦、巴黎和阿姆斯特丹等城市巨大的经济和人口中心的一种方式。将整个系统、城市、港口、基础设施等迁往内陆将是非常昂贵的，从经济角度来说，在整个北海筑坝可能是一个更好的选择。也许这是真的，但稍微便宜一些并不意味着能负担得起，也不意味着堤坝可以永远阻挡上涨的洪水。至少，这些想法让我们认识到了使用化石燃料建设文明的疯狂想法让我们自己陷入困境。

那么，我们需要做什么来阻止气候变化呢？这是一个关系到我们所有人的问题，无论我们生活在哪个国家，都有必要大力开展国际合作，以限制我们活动造成的破坏，甚至试图改变我们的经济，使其更可持续。本书的作者之一伊拉里亚·佩里西一直在从事一个由欧盟资助的、涉及这一主题的大型项目，试图了解欧洲和世界如何（以及是否）实现向低碳经济的转型。这个项目被称为 MEDEAS，在它的网站

（www.medeas.eu）上，你可以找到关于它的结果的所有信息。该项目的主要目标之一是量化我们应该做些什么以实现2015年联合国谈判《巴黎协定》时设定的目标。《巴黎协定》是一项关于减少气候变化的全球协议，规定到2100年全球变暖的上限为2℃。这不是一项容易的任务。

在减缓的概念框架内，人们听到的应对气候变化的共同声明是，我们需要削减排放。这当然是件好事，但你应该明白它的确切含义。排放物是我们释放到大气中的气体流。因此，当我们谈论减少人类排放时，我们的意思是想要收紧连接化石燃料存量和大气中碳存量的水龙头。但这不会减少大气储量的大小，它只会减缓其增长速度。正是出于这个原因，《巴黎协定》规定了最大限度的二氧化碳储量：如果我们不希望平均变暖超过2℃，我们就不能超过450 ppm（0.045%）的大气二氧化碳含量。因为目前（2020年）二氧化碳含量已接近410 ppm，我们仍然有一定的余地。理论上，我们可以在一段时间内继续排放二氧化碳，但在某一时刻，排放将不得不降至零（关闭水龙头），我们只能希望，在浓度较低的情况下，不会出现导致气候灾难的临界点。这些引爆点是解除转变、与人类活动无关的阈值，其中一个可能是储存在北极永冻层和海底沉积物中被称为甲烷水合物的矿物质中的甲烷释放。甲烷是一种强温室气体，比二氧化碳更强。如果通过水合物的分解释放出来，就会导致大气变暖，进而导致更多水合物的分解，进而加剧变暖，这是一个经典的增强反馈的例子，无需人类干预就能自行进行。这是我们能想象到的最令人担忧的引爆点之一。

因此，很明显我们需要减排，但如何做到这一点就不那么清楚了。最简单的方法是为每个国家分配剩余的排放配额，但即使在欧洲，这一提议也没有得到深入审查。伊拉里亚和她的同事提出了这个问题，他们对欧洲国家减少排放的一系列可能途径进行了评估，同时将温室气体的排放限制在与《巴黎协定》[37]的目标相一致的水平上。该评估为欧盟提供了一个计划和一系列排放轨迹，以分析当前温室气体减排目标（–80%）的可行性。这些方法也可以应用到世界其他地区。

图 4.13 和图 4.14 显示了伊拉里亚和她的同事在研究中获得的一个结果，图 4.13 假设排放量将从 2020 年，也就是现在开始大幅减少。图 4.14 假设了减排措施推后到 2030 年实行的结果。在图中，红色的三角形表示，与 1990 年的水

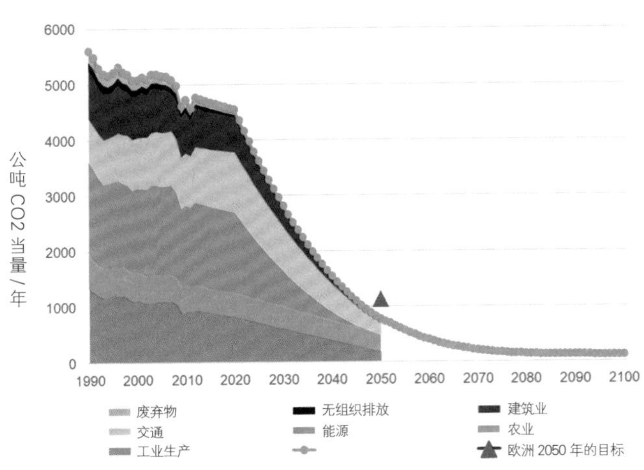

图 4.13　根据欧洲建议的可能脱碳路径情景（2050 年排放量比 1990 年减少 80%）和 COP21 在碳预算方面对全球变暖的约束。这里假设脱碳从 2020 年开始。

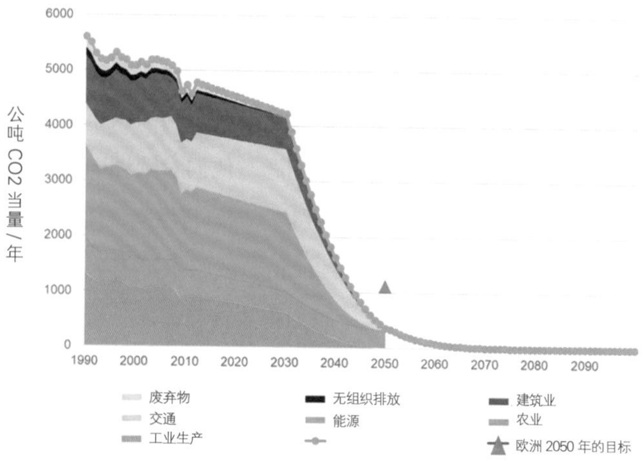

图 4.14　根据欧洲建议（2050 年排放量比 1990 年减少 80%）可能的脱碳路径 EU28 和 COP21 从可用的碳预算方面对全球变暖的约束。在这里，脱碳作用应该在 2030 年开始。

平相比，预期的排放水平降低至少 80% 的目标。彩色的区域表示欧盟仍然可以排放的温室气体（以百万吨碳表示）的数量。

正如你所看到的，减排是不容易实现的，但如果我们尽快开始，而不是等到 2030 年，减排肯定会更容易。我们能说的是，我们正在冒险进入一个从未存在过的时代，我们也没有任何直接的经验。我们至少应该尽我们所能避免事情变得更糟。然后，谁知道呢？我们的后代可能会变成冰川消失后南极洲上的农民。

第五章　海里有多少鱼？

Chapter

05.

How Many

Fish

in the Sea

5.1 教授和渔民们

While Empires will be born and die, Euclid's theorems will keep their youth forever.

——Vito Volterra

在第一次世界大战后的几年里，意大利动物学家翁贝托·迪安科纳（1896—1964）一直在研究关于过去十年里意大利威尼托地区鱼市场物种丰富度的数据。由于那个时候没有方法来估计鱼的数量，人们对海洋中鱼的数量知之甚少。海洋生物学家能做的最好的事情就是考察渔民在每天捕鱼后带到市场上的渔获物。但迪安科纳注意到一个有趣的现象：渔获物中各种物种的比例在战争期间发生了显著变化，例如鲨鱼等捕食性鱼类，它们的比例比鳕鱼等较小的饵料鱼类有所增加。迪安科纳推断，捕食性鱼类的增加是因为许多意大利渔民应征入伍并在前线作战，这使捕鱼活动大幅减少，鱼类可以在海洋中不受人类影响地自然繁殖，寿命长的鱼类可以顺利活到成熟期。因此，捕食性鱼类的饵料比以往更多了，它们的种群数量也随之增加（图 5.1）。

图 5.1　伊拉里亚·佩里西正在展示她在 2019 年研发的捕鲸生物动力学模型。

迪安科纳不是数学家，他不知道如何定量地解释这些数据，但他有一个其他生物学家没有的资源：他娶了当时意大利最著名的数学家维托·沃尔泰拉（1860—1940）教授的女儿。沃尔泰拉以前从未研究过捕鱼，也不是动物学专家，但他和许多科学家一样充满了好奇，他觉得沃尔泰拉的假说非常有趣。因此，当他的女婿向他展示这些数据时，沃尔泰拉开始思考如何建立一个可以解释这些数据的数学模型。

经过几年的研究，1926 年沃尔泰拉在《自然》杂志上发表了题为《从数学角度思考物种丰富度的波动》的文章[38]，它也成为种群生物学领域的一个里程碑。此前不久，虽然与捕鱼没有直接的联系，美国生态学家阿尔佛雷德·洛特卡也提出了一个类似的模型[39]。今天，该模型被合称为

“Lotka–Volterra”模型。它也被称为“饵料－捕食者”模型亦或是“狐狸和兔子”模型，其中狐狸扮演捕食者的角色，兔子扮演猎物的角色。奇怪的是，沃尔泰拉和洛特卡在他们的研究中都没有提到狐狸和兔子，但我们知道人类的想象力可以以多种方式展开。类似的事情发生在简巴普蒂斯特·拉马克身上，他在18世纪就提出了基于后天特征传递的生物进化理论。今天，每个人都在谈论拉马克关于长颈鹿脖子变长的进化理论，但拉马克在他的著作中却从未提到过长颈鹿！

插曲：模特背后的男人，维托·沃尔泰拉

作者：伊拉里亚·佩里西（图5.2）

对我来说，维托·沃尔泰拉是本书的主要灵感来源之一，不仅是因为他的科学研究，同时还因为他迷人的个性。他的孙女弗吉尼亚·沃尔泰拉现在是国家研究委员会（CNR）的心理学研究学者，而维托·沃尔泰拉在1923—1927年曾担任该机构的主席。因此，在写这本书的时候，我认为见她是最合适的。虽然弗吉尼亚·沃尔泰拉从未见过她杰出的祖父，但是她非常愿意跟我谈论这个话题，她所知道的关于维托·沃尔泰拉的故事都是由她的祖母，也就是维托·沃尔泰拉的妻子弗吉尼亚·阿尔马希告诉她的。从弗吉尼亚·沃尔泰拉的描述和我在网上找到的资料来看，“Lotka–Volterra模型”的起源故事非常地生动迷人。

图 5.2　年轻时的维托·沃尔泰拉（1860—1940），约 1890 年拍摄。

正如其他许多科学发现一样，捕鱼的方程式是一系列巧合和人为因素共同作用的结果。这与沃尔泰拉的女儿路易莎（1902—1983）在大学学习动物学并爱上了比她稍大的同事翁贝托·迪安科纳有关。两人于 1926 年结婚，在整个科学生涯中，他们一起从事海洋动物学的研究工作。最初，维托·沃尔泰拉似乎并不同意这段婚姻，尽管我们并不知道是什么原因。总之，和大家预料的一样，这位父亲也无法改变他女儿的想法。最终，维托·沃尔泰拉与他的女婿建立了友谊和尊重的关系。翁贝托·迪安科纳确实也是一个非常了不起的人物。他曾参加过战争，并因作战勇敢而获得勋章。后来，他成为帕多瓦大学的全职教授，今天他也被认为是在那个时代最伟大的意大利生物学家之一。他甚至写了一整本书——《为生存而斗争》，该书于 1942 年出版，专门介绍他岳父开发的模型。沃尔泰拉家族中有许多科学家，这个传统也一直延续到了今天（图 5.3）。

图 5.3　在这张 1930 年左右拍摄的照片中，可以看到维托 · 沃尔泰拉教授站在中间，留着白色的胡子（他看起来真的像个教授）。在照片的右边，可以看到翁贝托 · 迪安科纳和他的妻子路易莎，路易莎是沃尔泰拉教授的女儿。年轻的女孩是翁贝托和路易莎的女儿西尔维亚。

维托 · 沃尔泰拉不仅是当时最杰出的数学家之一，也是一个非常开明的人。他是在科学研究中提倡性别平等的伟大推动者，而在当时的意大利，女性甚至还没有投票权（1946 年才引入）。在科学领域，女性在意大利甚至是在全世界都受到歧视。例如，在

1897 年，剑桥大学就提出要正式承认女性的学位，但是该提议却以 1713 票对 662 票遭到拒绝。直到 1948 年，剑桥大学才授予了女性的第一个学位，而获得该学位的人正是女王的母亲！法国或许是个例外，但即使在那里，女性直到最近还面临着一些困难。当 1903 年将诺贝尔奖授予玛丽·居里时，仍有人建议将该奖只授予她的丈夫皮埃尔，因为以前没有女性获得过该奖。

相反，维托·沃尔泰拉非常相信女性在科学领域的作用。他做了很多工作，让许多女性成为同事，帮助她们培养自己的潜力，在各个科学学科中建立起自己的研究。沃尔泰拉也是玛丽·居里的忠实崇拜者，她是法国科学家，曾两次获得过诺贝尔奖。沃尔泰拉在 1918 年玛丽·居里到意大利的一次旅行中亲自会见了她，他们交换了几封信，至今仍保存着。此外，维托·沃尔泰拉的政治观点也非常先进。1931 年，1250 名意大利教职员工中有 12 名拒绝向法西斯主义及其领导人贝尼托·墨索里尼宣誓效忠，他就是其中之一。他的格言是："虽然帝国会诞生和灭亡，但欧几里得定理将永葆青春。"由此，他也为自己的政治立场付出了沉重的代价，被迫离开了罗马大学的数学物理学教席。1934 年，他还被迫辞去了在意大利著名的山猫学会研究学院的成员资格。在他生命的最后几年里，他大部分时间不得不在国外生活。

在 1944 年法西斯政府垮台后，他的身份才被认可：有史以来最伟大的意大利数学家之一。

尤格·巴迪的笔记：我们还可以简单介绍一下阿尔佛雷德·洛特卡（1880—1949），Lotka-Volterra 模型中的另一个名字。不幸的是，我们对他的个人生活了解不多，只知道他是美国父母在欧洲所生，在他 22 岁时移居美国。他和沃尔泰拉独自做自己的研究，两人之间的关系似乎并不太友好。洛特卡一直想在模型的发展中确立自己的优先地位，同时他也对沃尔泰拉的方法提出了批评[40]。但他们都是伟大的科学家，对科学作出了根本性的贡献。

不管怎样，我们即便把它比喻成狐狸和兔子（或狮子和长颈鹿）的关系，这也无关紧要。沃尔泰拉和迪安科纳的工作在生物学的发展上非常重要，这里原因有很多，其中最主要的是它毫无疑问地证明，也许是第一次，人类的活动影响了海洋动物的数量。在当时人们通常认为海洋是如此之大，人类的任何事情都不可能影响到它，这种认识在今天对大气和气候变化也很常见。这个想法的美妙之处在于证明了鱼类种群的大小是可以单独估计的，虽然这个工作在当时和现在都一样难以做到。沃尔泰拉是通过观察鱼类种群随时间的变化而不是测量它们的大小来证明这些变化。这个想法也成了“系统动力学”领域的基础。

现在让我们介绍另一位科学家：加勒特·哈丁（1915—2003），一位在加州大学圣巴巴拉分校工作的生物学家，他的工作也与本书有一定的关系。哈丁在他的论文中从未讨论过捕鱼，他似乎也没有提到过 Lotka–Volterra 模型。但是，也许在不知情的情况下，哈丁重新开发了同一个模型。1968 年，他发表了一篇著名的题为《公地的悲剧》的文章[41]，该文章至今仍为人所知，为理解后来的“过度开发”概念奠定了基础。

要理解哈丁的工作，我们必须回到他所处的时代，即战后的年代。对西方世界来说，那是一个非常繁荣的时期。每个人都有一个家，车库里有两辆车，有电视，人们可以在海滩上度假，有养老金、医疗救助等等。虽然并不是每个人都能享受这种繁荣，但与旧时代相比，仍然是一个很大的进步。这种繁荣中最重要的一点是，丰富的食物是世界历史上的一个新特点，这主要是“农业革命”的结果，也被称为“绿色革命”。化肥、农药、谷物新品种和一切机械化的结合，极大地提高了农业的产量。有了如此丰厚的农业产量，就有可能将部分谷物收成用来喂养牲畜，这反过来又产生了人类历史上从未有过的大量的肉类产量，可能是从我们的祖先通过强迫野牛跳下悬崖来灭绝整个野牛群的时代至今的最多的肉类产量（路易斯和克拉克在 1804 年报道了美国土著这样做）。众所周知，雷·克拉克在 1955 年正式开设了第一家“麦当劳”餐厅，这家连锁店至今已经遍布世界各地。现代工业捕捞也起到了一定的作用，它使便宜和大众能负担得起的冷冻鱼肉逐渐占据市场。

这似乎是一个新时代的开始。西方世界的最后一次饥荒发生在第二次世界大战结束后不久的荷兰，但从 20 世纪 50 年代开始，除了人口中最贫穷的那部分人，西方的饥饿问题已经不复存在。与野蛮人的入侵和瘟疫的流行一样，饥荒已经成为过去。虽然饥饿在非西方国家仍然存在，但很明显，新技术在富裕的西方世界之外也产生了积极的影响。事实上，从 20 世纪 80 年代开始，古代的大饥荒在世界各地均消失了。相反，人们开始担心吃得太多：这就是今天影响许多国家的肥胖症流行的问题（问题不是人们吃得太多，而是他们吃的食物质量太差，但这是另外一个故事）。自 20 世纪 90 年代开始，我们已经习惯了这样的想法：如果饥饿仍然存在，而且肯定是存在的，那是被甩在后面的人口的局部问题，与正在将每个人（或几乎每个人）带到富足未来的进步浪潮隔绝。

但有一个问题：有了这么多的食物，世界人口就可以快速增长，而且事实也确实如此。19 世纪初，世界人口已达到了 10 亿人。从那时起，世界人口数量在一个多世纪的时间里翻了一番，在 1928 年达到了 20 亿，并自此增长得越来越快：1960 年达到 30 亿，1975 年达到 40 亿，1987 年达到 50 亿，以此类推，人口数量几乎呈指数级增长，达到了今天近 80 亿人口的水平。但这种快速的人口增长能永远持续下去吗？这是托马斯·马尔萨斯（1766—1834）首次注意到的一个问题。传闻马尔萨斯预测了人口增长所带来的灾难（实际并未发生），如今仍广受批评，但如果你仔细看看他写的东西，你会发现他从来没有做过所谓别人口中的错误预测。在没有现代数学工具的条件下，马尔萨斯只是说能够居住在地球上的人类数量是有限的，人口增长迟早要停止，但他并没说这种情况到底何时发生以及如何发生。这正是经济学家肯尼斯·博尔丁（1910—1993）用简洁的话语所表达的概念："如果一件事不能永远地进行下去，那它就会停止。"

马尔萨斯的观点在20世纪中期再次流行起来，正好是经济繁荣和相应的人口增长的高峰期。有些人开始担心，所有这些增长都是由丰裕但又有限的资源所引起的。就像肥沃的土地一样，原油和所有化石燃料是一种有限的资源，海洋也是如此。如果它们是有限的资源，那么增长迟早都要停止。但是什么时候停止？究竟如何停止？开发这些资源的人类能否继续以20世纪的指数速度无休止地增长？我们到底要去哪里？

这些问题的答案并非来自经济学，这个领域在处理自然问题上采取了不同的方向。1956年，经济学家罗伯特·索洛和特雷弗·斯旺（1918—1989）独立开发了现在被称为"Solow–Swan"的模型[42]。这是一个没有明确考虑到自然资源的模型，模型认为经济增长只是由资本和劳动力的可用性决定的。该模型还包括一个名为"索洛剩余"的可调参数，后来被称为"总要素生产率（TFP）"。这不是一个可直接测量的参数，但它在使模型结果符合历史数据方面至关重要。然后，模型的结果可以推断到未来，在技术进步将继续改善、金融系统将继续提供资本以扩大经济而无需担心自然资源耗损的前提下，结果是持续的、不间断的增长。正如你所料，这些乐观的结果在公众中取得了相当大的成功，Solow–Swan模型仍然是政治家们想要刺激经济增长的基础。

他们更加倾向于资助更多的研究抑或向经济提供更多的资本。后一种方法在今天被称为“量化宽松”。

与此同时，加勒特·哈丁以生物学家而非经济学家的身份进行推理，他提出了一种将人类经济视为生态系统的方式，这可能是现在“生物经济”或“生物物理经济学”领域的第一项研究。在他的研究中，哈丁描述了一个完全基于牧羊的地方经济简化案例。假设牧场是作为“公地”管理的，也就是说，所有牧民都可以免费进入。这是在农村社会经常发生的社会经济管理。以下是哈丁对这种“悲剧”案例的机制描述：

作为一个理性的人，每个牧民都在寻求自己的利益最大化。他或直白或隐晦，或多或少都会下意识地询问：“我的畜群中再增加一只牲畜，对我有什么好处？”这同时会产生消极和积极的影响。

1. 积极的影响是一只动物的增量的函数。由于牧民得到了出售额外动物的所有收益，所以正影响几乎为 +1。

2. 消极的影响是多养一头牲畜造成的额外过度放牧的函数。然而，由于过度放牧的影响是由所有牧民共同承担的，因此，对于任何特定决策的牧民来说，负效用只是 −1 的一小部分。

将各部分影响相加，理性的牧民会得出这样的结论，牧民最机智的做法就是为他的畜群再增加一头动物，再加一头，再加一头……但这是每一个理性的牧民共享同一个公地而得出的结论。悲剧就在这里。每个人都被锁在一个系统中，这个系统迫使他在一个有限的世界中无限地增加他的畜群。所有人奔向的目的地都是毁灭，每个人都会在一个公地自由的社会中追求自己的最大利益。公地的自由给所有人带来了毁灭。

这些陈述是对 Lotka–Volterra 模型中相同的过度开发机制的描述。哈丁本人从未注意到这些模型的一致性（至少在他的著作中是这样），唯一的区别是哈丁的模型是以逻辑推理的形式表达的，而不是微分方程。在哈丁的模型中，牧羊人扮演的是捕食者（狐狸）的角色，而草扮演的是猎物（兔子）的角色。

要理解哈丁的模型，要考虑到他并不是要描述一个特殊的、现实世界的系统。事实上，后来的许多研究，特别是埃莉诺・奥斯特罗姆（1933—2012）[43]（顺便说一下，她是第一位获得诺贝尔经济学奖的女性）的研究表明，现实世界中公地的管理通常比哈丁的模型要好得多。农村社区一点也不原始，而且有一系列的当地习俗、法律、习惯和社会压力来防止那些利用公共资源的人破坏它来增加个人利益。但奥斯特罗姆的工作与哈丁的思想并不冲突，相反，它正是对哈丁思想的证据支持。像所有的模型一样，哈丁的模型只有在一定的假设下才是有效的，它不应被理解为是对真实的农村系统的描述，而是为了证明如果将经济学的基本假设应用于真实世界中，是如何必然会导致灾难的。

在实践中，哈丁的模型描述了自由市场中经济主体的行为，它彻底推翻了亚当·史密斯（1723—1790）在两个世纪前提出的“看不见的手”的概念。史密斯曾认为经济是为了所有人的最大利益而自我调节的，他在著名的《国富论》（1776）一书中写下这样的一句话：我们希望我们的晚餐不是来自屠夫、酿酒师或面包师的仁慈，而是来自他们对自身利益的尊重。我们希望谈论的是他们的自爱而非人性，并且从不与他们谈论我们自己的需求，只是谈论他们的优点。

史密斯的“看不见的手”是那些引人入胜的想法之一，它似乎非常明显，以至于传播到产生笑话的程度。你知道换一个灯泡需要多少经济学家吗？一个也不用，看不见的手可以解决这个问题！但如果我们仔细思考一下，我们就会发现，史密斯的想法就一点也不明显了。我们有很多充分的理由怀疑是个人的利益使整个社会的繁荣最大化。我们也可以质疑一个所谓的“自由市场”的存在，一般来说，自由市场就是一切，但又什么都不是。但是，哈丁的模型击中了“看不见的手”这一概念的核心。哈丁的模型使用了标准经济学的相同基本假设，证明了人类在作为理性行动者时，通常无法准确地优化资源的开发，也就是说，他们试图使经济模型中的“效用函数”最大化。

正如经常发生的那样，新的想法需要一些时间来争辩。托马斯·赫胥黎曾经说过，新的真理在刚提出时总被认为是异端邪说，到最后才被广泛接受，这是一个正常的过程。目前，哈丁的推理结果和他的“悲剧”仍被视为异端邪说，而古典经济学还没有达到广泛接受的阶段。但是，因为哈丁，我们开始理解人类和他们所处的生态系统之间的关系。这个基本概念被称为“过度开发”，然后由威廉·卡顿在他的名著《过剩》（1982）中更详细地阐述了这个概念。在 20 世纪 60 年代和 70 年代，杰·弗雷斯特在其关于发展中的系统动力学的工作中也将其放在了一个定量的基础上[44]。在同一时期，霍华德·奥德姆和他的学生查尔斯·霍尔更深入地发展了这些思想，并引入了几个重要的概念，如“能源投资回报率”（EROI 或 EROEI）[45]。

哈丁的模型一直都没有受到经济学家们的认可，在今天它仍不受欢迎。并不是说经济学家不知道，而是他们大多选择忽视它，或者认为它无关紧要而不予理会。这在很大程度上是因为科学是高度分门别类的，像哈丁这样的生物学家，如果开始谈论经济学，通常会被忽略，甚至被嘲笑。如果一个经济学家开始谈论生物学，也会发生同样的情况。关于牧羊公地的悲剧，当经济学家被迫讨论它时，他们似乎认为也许这个想法有一些逻辑，但它只是发生在原始和非优化社会等特殊情况下。在我们的现实世界里，经济学家认为这种悲剧不可能发生，因为市场是有效的，它总是能优化一切。在任何情况下，只要确保所有的代理人都能实现其利益最大化，就可以避免悲剧的发生。如果哈丁讨论的牧场被划分为私人地块，那么就没有牧民会对过度放牧时自己的财产感兴趣。所以，问题就解决了，让我们继续讨论别的问题。最近的私有化风潮，可能至少在一定程度上是对哈丁提出的概念的反应。

不幸的是，这种解决方案在现实世界中并不奏效。以采矿业为例：通常情况下，矿业公司对其开采的资源拥有专属权，但这并没有阻止他们以最快的速度开采资源。同样的机制也适用于许多其他的资源。自由市场条件下的竞争导致经营者考虑最大化他们的直接利润，毕竟这是公司的股东想要的。问题在于，经营者可能对他们开采资源的剩余量保持乐观，但挪威经济学家埃尔林·莫克斯尼斯已经证明，即使一种资源被私有化，其规模也是确切知道的，经营者仍然倾向于过度开采[46]。这可能是农民过度开发其土地的情况，如 20 世纪 20 年代和 30 年代在俄克拉荷马州发生的许多例子一样。很难想象，农民们不明白他们正在把自己拥有的土地变成沙漠，但直到 1936 年“沙尘暴”发生，他们还一直在继续这样做。

就海洋而言，私有化似乎是不可能的：你怎么能把海洋围起来呢？但人类的奇思妙想几乎可以设计出任何事情的解决方法。在这种情况下，一个可行的方法是使用“个人捕捞配额（IFQs）”，也被称为“个人可转让配额（ITQs）”，从而将渔获量私有化。它是这样运作的：政府为某一物种设定一个总可捕量（TAC），然后将总可捕量分成若干份，分别分配给经营者。这些份额可以被购买、出售和租赁。这一特点被称为“可转让性”。这是一种将捕捞“金融化”的方式，其中涉及产生金融游戏的所有问题，个人可转让配额可以像股票市场上交易的股票一样进行交易。也许是因为这个原因，个人可转让配额已经非常流行，目前世界上超过 10% 的捕鱼活动可能是以这种方式管理的。

这是否意味着个人可转让配额是一个好方法呢？不一定。该方法产生的一个问题是那些财力雄厚的人可以买断那些财力较弱的人的配额。许多经营者已经被排除在这个行业之外，包括个体渔民和原住民村庄。也许个人可转让配额在某种意义上是成功的，因为有些人通过交易此配额而致富，这可能是该系统效率较高的一个表现。但是，现代渔业的问题不是它们不够高效，而是它们太高效了！而此配额本身却对减少过度捕捞毫无作用。事实上，没有证据表明个人可转让配额的引入已经缓解了海洋过度捕捞的问题。

导致海洋过度开发的另一个因素是海洋的广阔性和捕鱼船队的自主性，这使渔民可以在所有的海面，甚至在政府管辖范围之外竞相捕捞。虽然捕鱼主要是沿海活动，但有相当一部分是在公海进行的。这种捕鱼通常是针对高价值的物种，例如金枪鱼，这会给渔业公司带来巨大的利润。随之产生的问题是捕捞竞争尤为激烈，过度开发的问题也变得尤为重要。但是，配额制度很难应用于这些地区：各国通常沿其沿岸保持 12 海里的“领海”区域，这通常被视为其国家领土的一部分。领海范围曾经是 3 海里，这也被描述为“炮弹范围”，这就是领海的来源。还有一个“专属经济区（EEZ）”的概念，它延伸到离海岸 200 海里（370 公里）的海域。专属经济区不是一个国家领土的一部分，但国家拥有捕鱼或获取该海域其他资源的专属权利。在这些海域之外，海洋被认为是“国际水域”，这些海域不属于任何国家的管辖。这就是所谓的 Mare liberum（拉丁语中的“自由海”）学说。

公海并不是一个可以完全无法无天的海域，针对公海也有一些国际规则、公约和条约来规范人们什么可以做，什么不能做。但谁应该负责执行这些规定并不非常明确，而且情况往往与好莱坞电影中的远西地区相似。伊恩·乌尔比纳的《非法海洋》（2019）一书中报道了许多关于公海作业者的阴暗和非法行为。海盗、过度捕捞、污染活动和其他的不良行为非常常见，包括虐待海员，他们往往根据船主的经济需求被视为“可随意处置的”。相反，有时国际水域的自由使人们可以采取他们认为适当的行为，尽管这些行为在大陆上是被禁止的。例如，丽贝卡·龚帕兹是一名荷兰医生，她为一个名为“海浪上的女人”的组织运营一艘船，在领海之外为禁止堕胎国家的女性公民提供堕胎服务。在其他处于法律边缘的案例中，有人有时占领了一个废弃的石油钻井平台或其他类型的海上结构，并声称这是他的个人王国，并制定了相应的当地法律和公民权利。这就是“西兰公国”的情况，这个“微型国家”声称其领土是第二次世界大战时在英格兰萨福克海岸的一个废弃的防空平台。

像“西兰公国”这样的微型国家只是一种奇怪的现象，而海上堕胎则不仅仅是一个政治问题。但是，国际水域无法无天的问题对捕鱼来说是很严重的。“大菱鲆战争”就是一个很好的例子（大菱鲆是比目鱼的一种，也被称为格陵兰比目鱼）。1995 年，西班牙和加拿大在纽芬兰海岸附近发生了这场战争。这是一个很长的故事，正如你所想象的那样，双方都声称遵守了国际法。简而言之，加拿大人声称大菱鲆已经移出了他们的专属经济区，进入了更深的水域，配额应该根据他们在专属经济区内的历史渔业产量来确定。西班牙则声称这是一个未开发的种群，他们有权利进行开发。此外，加拿大声称西班牙船只多次越过专属经济区到加拿大水域非法捕鱼，并使用非法渔具。双方无法达成协议，最终加拿大派出了一艘武装巡逻艇，用 0.50 口径的机枪向一艘西班牙拖网渔船进行扫射。然后，加拿大的巡逻队登上了西班牙的船只并进行了扣押。你可以想象随后发生的争端：在某个时刻，西班牙甚至计划向北大西洋派遣一支军事舰队，用来保护西班牙渔船不受他们所谓的“加拿大海盗”的伤害。这可能会引发一场真正的战争。幸运的是，这种情况最终没有发生，整个故事到现在也大多被人遗忘。但它说明了控制国际水域的问题：谁来负责让国际法得到尊重？很多人在谈论制定新的国际协议，以限制这些超级捕鱼船队的可能性，现在这些船队可以在他们想去的任何地方捕鱼，不管任何区域，只要他们想去。然而在付诸实践时，制定国际协议又是非常困难的，到目前为止，这个问题仍然没有得到解决。

那么，怎样才能消除或至少减少过度捕捞的问题呢？理论上，这只是一个在国际层面上建立最大捕捞配额，并将其分配给各个捕鱼船队的问题。这在理论上是可行的，但在实践中却非常困难。事实上，这种尝试的结果却是一场灾难。即使假设配额可以确定，政府所采取的善意的尝试也会与自由市场中所有经济经营者追求利润最大化的宗旨发生冲突。关于这一点，《纽约时报》在 2012 年刊登了一篇令人深思的采访[47]：

皮内达先生和这里的每个人一样，都是和这种古铜色的硬骨鱼一起长大的，他们称之为“马鲹”，这种鱼在南太平洋中集群迁徙。他看着 57 英尺（1 英尺 =0.305 米）长的渔船说：“它的速度很快，我们必须在鱼全部游走之前更努力地捕鱼。”当被问及他将给儿子留下什么时，他耸了耸肩说：“他必须找到别的东西。”

显然，皮内达先生非常了解 Lotka–Volterra 模型是如何运作的，尽管可能是无意识地。但是，面对这种态度，你就会明白试图实施配额管理是多么困难。事实上，到目前为止，配额管理在避免全球渔业破坏方面几乎毫无作用。我们能期待未来会有改变吗？也许吧，但有时悲观也意味着认清了现实。

5.2 捕捞方程

One must divide one's time between politics and equations. But our equations are much more important me, because politics is for the present, while our equations are for eternity.

Albert Einstein

一个人必须在政治和方程式之间分配自己的时间。但我们的方程式对我来说更重要，因为政治是为了现在，而我们的方程式是为了永恒。

——阿尔伯特·爱因斯坦

在本章中，我们描述了帮助我们管理捕鱼的模型。我们不会为此使用数学，但我们理解你可能会发现这一章有点粗糙，所以你可以跳过它。你也可以看看附录中描述的“白鲸运作游戏”，它使用了相同的模型，只是没有使用方程式。毕竟，人们通常引用爱因斯坦的话——“即使科学家也不会用方程思考”。他可能没有明确地这么说，但方程式确实是一种工具，而不是人们用来显示自己有多聪明的东西。因此，如果你想了解被称为“动态”的模型是如何工作的，你会找到答案。

让我们从头说起。一个“模型”是描述现实的东西，它以一种必然近似的方式描述，通常但不总是使用数学方程。在某些情况下，我们谈论的模型是非常精确和强大的。想想牛顿定律：它是一个描述物体在重力作用下的运动方式。它在许多实际情况下非常有效。例如，它可以用来指挥一个离地球数亿公里的太空探测器，或者更暴力一点，引导炮弹在敌人的头上爆炸。想想热力学定律：它们描述了宇宙的运作方式。或者想想量子力学：它告诉我们基本粒子的运动方式。

我们无法逃脱这些定律，例如，能量总是守恒。那些声称自己有一些惊人的发明，能从无到有产生能量的人，只能是骗子。但是，我们并不总是能够拼凑出精确的模型。有些是更加近似的；有些则近似到几乎没有用处。例如，有一些模型可以预测未来股票的价格，但相比伊特鲁里亚人过去使用祭品中受害者肝脏的读数，这些模型结果则更加糟糕。

对于捕鱼，我们恰恰处于一种中间状态。用方程式模拟捕鱼既不可能也不容易，但如果我们努力去做，是有可能的。作为第一步，我们可以转向一个叫作“种群动力学”的科学领域。这门科学试图回答与生态系统中的生物物种有关的基本问题，即“生物种群将增长多少？”正如经常发生的那样，这个问题的答案是“视情况而定”。它取决于食物供应、环境条件和物种的新陈代谢。但是，通常情况下，我们可以认为生物物种的繁殖与现有种群成正比。这种机制在数学上可以用微分方程表示，其解决方案是通过“积分”获得的。在这种非常简单的情况下，其结果是一个预测指数增长的方程。

让我们举一个尽可能简单的实际例子：想象一个单细胞生物，一个通过一分为二进行繁殖的细菌（在生物学中，这被称为“有丝分裂”）。在开始时，我们有一个细菌，然后我们有 2 个，然后是 4 个，然后是 8 个，等等。这些恒定时间倍增的结果并不完全是一个指数函数，但我们可以把它看作是指数函数（图 5.4）。

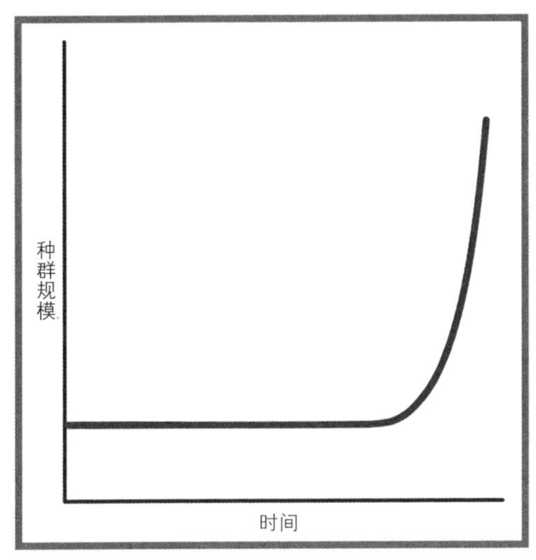

图 5.4 描述种群指数增长机制的函数。

换句话说，细菌的数量有越来越快的增长趋势，这是导致流行性疾病的主要原因。在写这本书的时候，新型冠状病毒肺炎疫情正在全球范围内如火如荼地蔓延，病毒扩散的增长在一开始确实呈现出指数级增长的趋势。做一些数学计算，你可以计算出病毒会以多快的速度感染整个世界的人口，甚至可以算出何时病毒的量会达到人类的大小，甚至超过人类。你还记得 20 世纪 50 年代的那部美国科幻老电影《幽浮魔点》

吗？是的，就像电影里描述的那样（图 5.5）。

图 5.5　1958 年的科幻电影《幽浮魔点》：人口过快增长的结果。

但是，当然，在一个病毒或细菌菌落能够达到电影中的大小并开始超过人类之前，限制性因素就会出现。在现实世界中，这个小球很快就会死亡，因为它里面的细胞无法获得氧气。同样新型冠状病毒很快就会因为缺乏足够数量的易感人类目标而停止其指数增长趋势。这再次证明马尔萨斯牧师所表述的人口不可能增长到无限大是对的。

但是，如果一个生物种群有增长的极限，它究竟是如何达到这些极限的呢？马尔萨斯在这一点上总是含糊其辞。相反，比利时数学计量学家皮埃尔·弗朗索瓦·费尔哈斯特（1804—1849）在马尔萨斯理论的启发下，于 1828 年发表了一个描述生物种群增长极限的方程式，有时我们称它为费尔哈斯特方程式。但更多的时候，我们称它为“逻辑斯蒂曲线”或“S 形曲线”。同样在这里，我们可以从微分方程开始描述该曲线，让我们只在图中进行展示（图 5.6）。

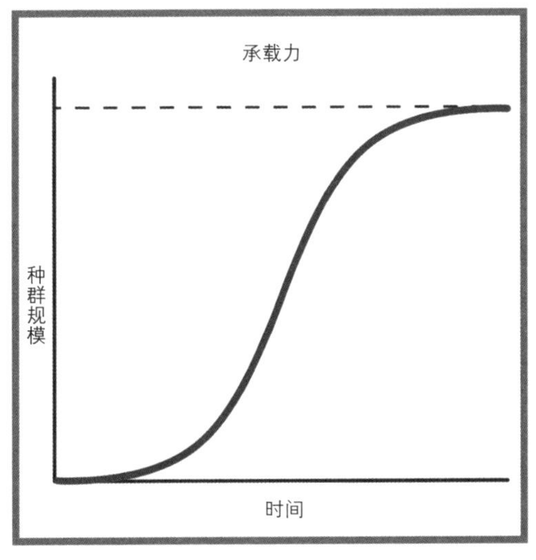

图 5.6　费尔哈斯特曲线或“逻辑斯蒂曲线”。该曲线描述了一个动态变量因为受到所属系统极限的影响而不能像指数曲线那样增长到无穷大。

费尔哈斯特曲线类似于我们前面谈到的指数模型。当个体数量还很小，资源很丰富时，没有什么可以阻止它们以几乎爆炸性的方式继续增长。但是，当达到某一个节点时，增长开始放缓：这主要是受到资源匮乏、空间有限，同时也许是捕食者的干预或种群本身产生污染影响所产生的结果。增长变得越来越慢，直到它稳定在一定数量的个体，与生态系统生产资源的能力相适应，以维持他们生存。逻辑斯蒂曲线适用于很多情况：它在某些商业、化学和其他领域都很有效。但在生物学中，这不是种群增长的方式，至少不经常发生。逻辑斯蒂曲线的局限性在于它只考虑了单一的种群，而没有考虑到生态系统中种群之间的复杂互动。

现在，我们可以介绍一些关于 Lotka–Volterra 模型的细节，我们已经在前一章中描述过了。它不是一个完美的模型，像所有的模型一样，它是一个近似的描述，没有任何生物系统可以用它来精确描述，没有已知的只有狐狸和兔子存在的岛屿。但是 Lotka–Volterra 模型是有趣的，因为它是更好、更精细模型的起点。该模型的方程不能被精确求解。但是，即便它们难以求解，但并不意味着它们难以理解。

在这里，我们必须解释系统动力学领域的一些基本概念。这个领域的所有模型都是基于“现存量”和“流量”的概念。让我们考虑一个简单的、在该领域经常使用的例子，即“浴缸动力学”（图 5.7）。

浴缸里的水就是我们所说的“现存量”，水龙头和排水口控制着“流量”。通过改变流量，也就是说，通过调节水

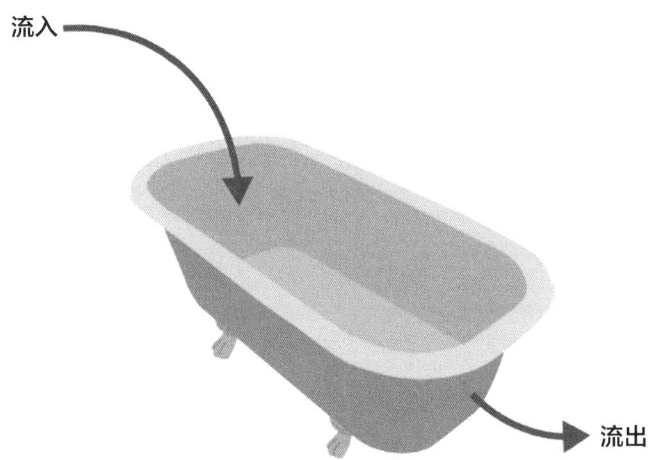

图 5.7　浴缸通常是“系统动力学”建模工具的范例。

龙头或排水口，可以改变浴缸中的水量或水的现存量。当然，系统动力学不只是处理浴缸，但我们可以模拟许多真实的系统，它们犹如像几个浴缸连接在一起那样，并通过阀门调节流量。例如，在生物学中，我们可以把浴缸的水位看作是对生物种群中个体数量的一种衡量。流入浴缸的水相当于出生率，而流出的水则相当于死亡率。这里不需要复杂的方程式，很明显，如果一个种群的死亡率超过了出生率，那么这个种群就会下降。反过来也是如此。

Lotka 和 Volterra 研究的系统是一个典型的“现存量和流量”的系统。这个系统里面有两个建立联系的生物群体（如果你愿意，可以认为是两个浴缸）。一个代表猎物（兔子）的数量，另一个代表捕食者（狐狸）的数量。当然，你可以用比两个更多的生物群体建立模型，但使 Lotka–Volterra 模型有趣的关键点是，流动会受到“反馈”的影响。我们可以用一个例子来理解这个概念：你还记得种群的指数增长模型吗？我们讲过，种群的增长速度与种群本身的大小成正比。也就是说，流量（繁殖的速度）与现存量（种群）成正比。这是一个非常普遍的观念，并定义了反馈的概念：流量与现存量成一定比例。该比例可以是负的或正的，这是两种不同类型的反馈，有时被定义为“抑制”和“加强”。

让我们看看这些概念如何适用于 Lotka–Volterra 系统。通过方程的形式来向你展示或许很容易实现，但我们在这里不会这样做。相反，让我们来描述一下该系统的各个要素间是如何相互作用的。首先，兔子的现存量由来自外部的流量填充，这个流量可以假定是草，在这个简单的模型中我们假设它是无限的。你可以认为，兔子是把草变成兔子的“机器”。然后，兔子被狐狸杀死并吃掉，这是一个从兔子现存量到狐狸现存量的流动，它倾向于减少兔子现存量并增加狐狸现存量的大小。你可以说，狐狸是把兔子变成狐狸的机器。此外，狐狸的现存量也趋于减少，因为如果没有足够的兔子作为食物，狐狸就会饿死。在任何情况下，模型中的主要流动是连接兔子现存量和狐狸现存量的流动。这种流动是由反馈效应控制的：它应该与狐狸和兔子的现存量成一定比例。仔细想一下，你会发现这是符合逻辑的：周围的兔子越多，狐狸就越容易找到并杀死它们。但同样的，狐狸越多，兔子就越有可能被发现和捕杀。

现在，让我们看看反馈是如何影响流量的。比方说，我们开始时有一些兔子，但狐狸很少。在没有捕食者的情况下，兔子迅速繁殖，它们的数量不断增长。但是，如果有丰富的猎物，狐狸也会迅速增长。这时，由于周围有许多狐狸，兔子开始被吃掉，这个速度甚至要超过它们自身的繁殖速度，这时兔子的数量停止增长并开始下降。此时此刻，狐狸发现自己陷入了困境：由于可以捕获的兔子太少，它们开始缺乏食物直至饿死。因此，它们的种群反过来也崩溃了。然后，这个循环又重新开始。这种类型的系统是非常普遍的：就像哈丁在模型中描述的那样，我们可以用牧羊人和草来替代狐狸和兔子。或者我们可以谈论渔民和鱼，就像最初启发沃尔泰拉的那个系统一样。

现在让我们以图形的形式来表述以上的过程。Lotka–Volterra 模型在兔子和狐狸的数量上都产生了周期性的振荡。我们也可以在笛卡尔图中追踪狐狸的数量（可视为兔子数量的函数）。在这种情况下，兔子和狐狸互相追逐，就像它们围绕对方的轨道运转一样。实际上，它们是在围绕空间中一个叫作“吸引子”（就像是电影《侏罗纪公园》中提到的那个，尽管这不是一个奇怪的吸引子）的点旋转。在基本的 Lotka–Volterra 模型中，狐狸和兔子的数量永远不会达到吸引子，但经过一些小的修改，它们会达到吸引子（图 5.8）。

在下一章中，我们将向你展示如何使用 Lotka–Volterra 模型来描述捕鱼这一经济活动。为了使讨论更加完整，这里我们注意到这个模型可以通过增加其他种群而变得更加复杂，从而可较好地描述这种复杂的系统。从而，我们可以用这个模型来研究整个“世界系统”。

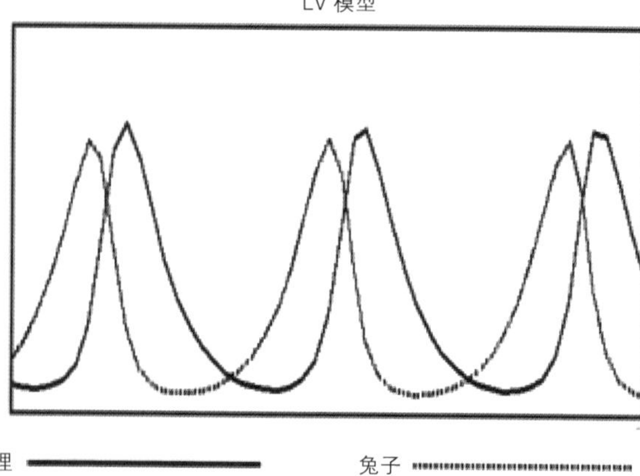

图 5.8　Lotka-Volterra 模型描述的猎物（兔子）和捕食者（狐狸）的种群数量振荡。

5.3 模拟崩溃

Th image of the world around us, which we carry in our head, is just a model. Nobody in his head imagines all the world, government or country. He has only selected concepts, and relationships between them, and uses those to represent the real system.

——Jay Forrester

我们脑海中周围世界的影像，只是一个模型。没有人能想象出所有的世界、政府或国家。只有选定概念以及它们之间的关系后，才能使用这些概念来代表真实的系统。

——杰·弗雷斯特

20 世纪 50 年代，波士顿麻省理工学院的一位年轻教授杰·赖特·弗雷斯特开始使用新一代数字计算机来模拟机械和电子系统中各种元素的相互作用。随着时间的推移，弗雷斯特将他的兴趣转移到经济系统的管理和建模上。他将这个新领域称为“工业动力学”，但后来，“系统动力学”这个术语成为最常用的一个。从此，xjh 雷斯特明确了另一个努力的方向：模拟整个世界的经济体系。他在 20 世纪 60 年代中期开发了他的第一个世界经济模型，当时他的计算机已经拥有了强大的性能，能够在较短时间内解决复杂的模型方程系统。

当弗雷斯特开始着手这些研究时，其他人也在研究同样的问题。1968 年，奥雷利奥·佩切伊（1908—1984）和其他人组成了“罗马俱乐部”，这是一个由工业界和学术界知识分子组成的团体，他们聚集在一起研究和讨论全球经济和政治问题。佩切伊和其他人很快达成一致结论：他们需要找到量化世界有限资源的方法，这样才能够为他们的担忧付诸行动。1968 年，奥雷利奥·佩切伊在意大利科莫湖畔的一次城市问题会议上遇到了杰·弗雷斯特。这是 1972 年发表的《增长的极限》文章研究的开始。

弗雷斯特的学生之一丹尼斯·梅多斯从罗马俱乐部那里获得了对该计划的资金支持，他召集了一个由 16 名研究人员组成的团队来进行该计划的研究。1971 年，弗雷斯特在一本名为《世界动态》的书中发表了他们的研究成果[48]。然后丹尼斯·梅多斯团队的研究成果于 1972 年发表[49]。弗雷斯特和梅多斯的团队各自独立工作，但他们得出了相同的结论：世界经济趋于停止增长并进而崩溃，这个结果是资源供应减少、人口过多和污染的综合作用造成的。这个结论是依据一个可靠的模拟得到的，因为如果改变初始假设，结果几乎没有发生变化（图 5.9）。

弗雷斯特和梅多斯的团队都对各种可能的假设进行了模拟，包括激进的技术革新、人口可以通过全球政治行动得到稳定等现实情况。在大多数情况下，即使是非常乐观的初始假设，崩溃仍然是无法避免的，最多只能推迟。只有一套科学合理的能够阻止人口增长和稳定资源消耗的全球政策才

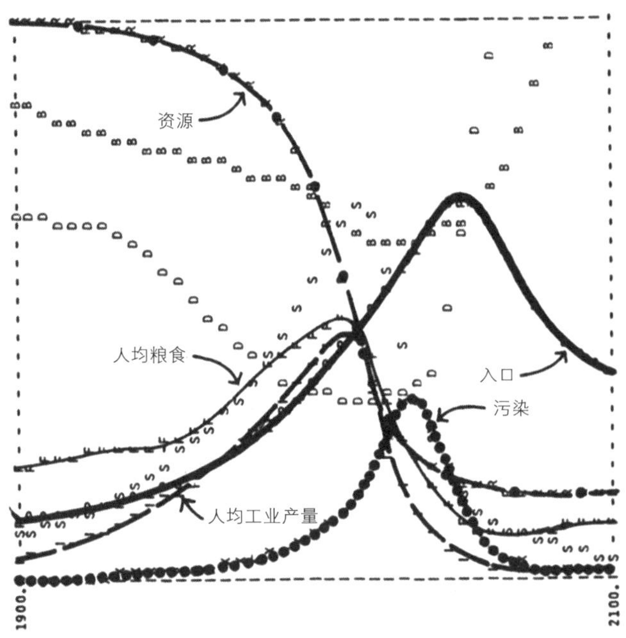

图 5.9 1972 年版《增长的极限》中的“基本情况”模型。

能防止崩溃，并使世界经济进入稳定状态。这意味着要保持与 20 世纪 70 年代不相上下的平均资源消耗水平。

或许你知道，现在很多人是不太赞成《增长的极限》里面的观点的。事实上，这项研究经常被妖魔化，甚至被嘲笑为“错误的预测”。这与其说是本研究所陈述的观点，不如说是集体失忆的结果[50]。在现实中，世界的经济轨迹几乎跟模型的基本情景曲线一致，它作为对整个世界体系的“超前”预测仍然有效。关于这一点，我们这里不做详细介绍，但我们将描述这些动态模型是如何在捕鱼中应用的。

渔业中从未尝试过这种方法，尤格·巴迪和亚历山德罗·拉瓦奇于 2009 年发表的文章中首次尝试使用系统动力学模型来描述捕捞业，他们在研究中探讨了 19 世纪的捕鲸案例[51]。后来，在尤格和亚历山德罗的帮助下，伊拉里亚 · 佩里西对渔业进行了更广泛的研究，发现 Lotka–Volterra 模型在捕鲸以外的其他许多情况下也同样适用[52]。这些研究让人们清楚地意识到以捕鱼为代表的人类与代表猎物的鱼类之间的捕食者 – 猎物关系，是自然资源过度开发的一个普遍特征。

伊拉里亚使用的模型并不完全是洛特卡和沃尔泰拉描述的模型，它没有考虑到鱼类的繁殖，但各种测试表明在描述持续时间不超过几十年的周期中，繁殖这一因素并不重要。形成单一峰值的主要因素似乎是因为捕捞物种并不像狐狸 / 兔子模型中简化假设的那样是孤立的物种。它们生活在一个复杂的生态系统中，当它们的数量因捕鱼而大量减少时，它们的生态空间很可能被其他物种所占据。这使得一个物种很难恢复其原有的空间。例如，鲸鱼还没有恢复到它们在 19 世纪的捕捞之前所达到的种群水平，也许它们再也不能达到那时的水平。

搜集这些研究所需的数据并不容易。捕获的鱼类数量（“猎物”），也称作“上岸量”，通常可以从渔业部门或负责监管渔业的政府机构所公布的数据中获得。但“捕食者”参数的情况却不是这样的。对鲸鱼捕捞而言，情况要好一些，因为斯塔巴克在他的书中报道了关于捕鱼船队的大量数据[13]。但对于许多其他捕获鱼种，数据根本不存在。在这种情况下，我们可以使用“代理”数据，假设它与渔业的努力量成正比。例如，我们可以使用在渔业中雇用的劳动力，以人数或以他们的总工资来计算。或者我们可以使用该行业的资本化数据。只有在很少的情况下，我们可以找到船只的数量或船队的吨位。总的来说，这些方法都行之有效，一些研究也描述了几个过度捕捞的案例[52]。

所以，让我们来看看第一个尝试使用这种方法的模型。它是在美国的捕鲸研究中基于斯塔巴克所报告的数据建立起来的。你可以看到，模型拟合结果并不完美，但该模型确实描述了历史数据的变化情况。它表明了捕鲸者是如何在船只的数量和吨位方面增加他们的努力量，但结果却无法增加捕捞的产量，因为鲸鱼已经不在那里了（图 5.10）。

让我们把目光聚焦到另外一个实例：加利福尼亚海域太平洋沙丁鱼的崩溃。该海域沙丁鱼的捕捞在 19 世纪末就已

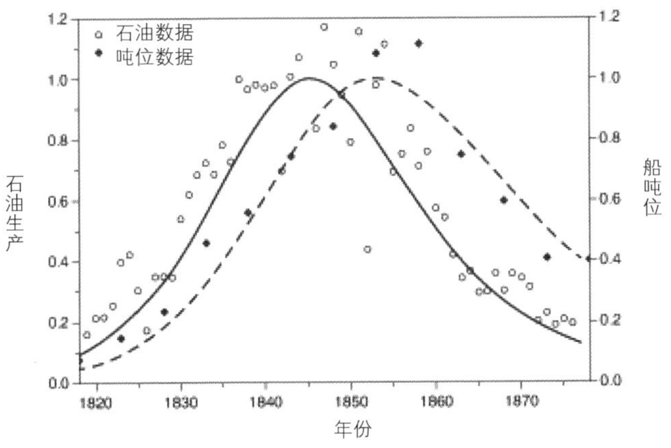

图 5.10　Lotka-Volterra 模型通过应用于 19 世纪的捕鲸案例来描述过度开发自然资源的动态[13]。（数据来自亚历山大·斯塔巴克的论著，1876）[53]

开始，但在 20 世纪的前 20 年里，为了应对第一次世界大战期间对罐头食品日益增长的需求，沙丁鱼的捕捞量呈指数型增长。从 20 世纪 30 年代中期到 20 世纪 40 年代中期，这个渔场是北太平洋和西南太平洋沿岸最大的渔场，平均每年生产 60 多万吨鱼，在 1936—1937 年达到了每年 79 万多吨的高峰。几年后，捕捞量开始急剧下降，在 20 世纪 70 年代捕捞量下降到每年不超过 100 吨。1974 年，国际上实施了一个禁令，要求禁止对沙丁鱼的捕捞。但是，这种迟来的措施几乎总是如此，休渔期对恢复沙丁鱼最初的丰度毫无用处（记得有句老话叫“马后炮”吗？）。即使在今天，太平洋沙丁鱼的产量仍未恢复到 20 世纪 30 年代大丰收时期的水平（图 5.11）。

该图显示了过度开发阶段有关的数据，即从 1933 年到 1957 年的渔获量和捕捞船队规模与时间的关系。注意

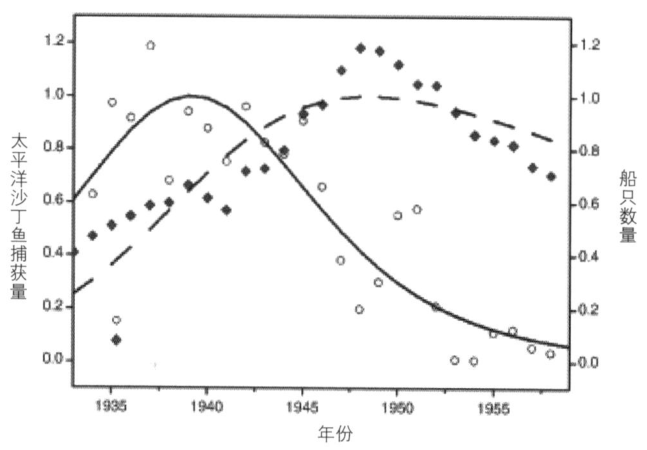

图 5.11　利用 Lotka-Volterra 模型拟合的太平洋沙丁鱼捕获量数据[52]。（图片来自佩里西等人[52]）

Lotka–Volterra 模型赋予猎物和捕食者的两条典型钟形曲线。像鲸鱼的案例一样，简化的 Lotka–Volterra 动力学模型再次为实验数据提供了合理的描述，结果表明沙丁鱼种群在那些年遭受了疯狂的过度捕捞。

猎物 – 捕食者动态不仅可以描述对单一物种的开发，还可以提供整个国家渔业部门过度捕捞趋势的指示。我们可以通过研究日本渔业的总渔获量与该行业在 1962 年至 2002 年期间所发生的资本成本进行比较来了解这一点。渔获量的数据是以每年的总重量来表示的，资本以货币表示，包括工资、燃料、资金、更换渔船和各种设备等方面的渔业支出。这是罕见地能找到渔业投资资本的数据。如图所示，历史数据显示渔业产量的下降是在 1980 年前后开始的。注意这些数据与上一图的数据有关，沙丁鱼产量是整个产量的主要组成部分之一（图 5.12）。

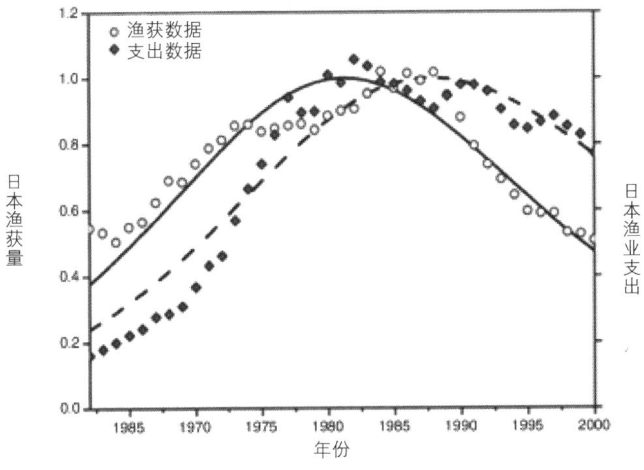

图 5.12　Lotka–Volterra 模型通过应用于日本捕捞业衰退的最新案例来描述自然资源过度开发动态，来自佩里西等人[52]。

我们在这里还有几个案例。在某些情况下，可以对数据进行定量拟合；在其他情况下，我们可以注意到捕捞产量的下降比捕捞强度的下降早几年，这是过度开发的明显迹象。这种行为是试图获得最大利润的结果，而没有意识到这导致了渔业种群的枯竭。

这种现象不仅仅是某个特定渔业的趋势，而是一种全球趋势。世界粮农组织发布的渔业状态数据库中的渔业统计数据揭示了这一点：全球鱼类上市量在 20 世纪 90 年代中期达到一个高峰，此后便不再增加，这种状态一直持续到今天。这一趋势可能与一个投资资本间接相关的参数相关联：世界范围内用于捕鱼的发动机的平均功率，如下图所示（图 5.13）。

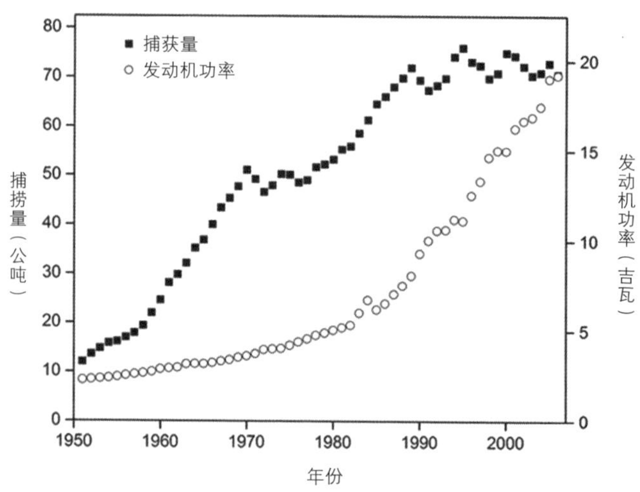

图 5.13　全球捕捞量趋势以及基于渔船发动机功率计算的投资在捕鱼上的资本 22。数据来自沃特森（2013）[54]。

正如你所看到的那样，船只的发动机功率继续增长，但产量却一直在 7000 万吨左右波动，并未呈现持续增长的趋势。这给人类敲响了强烈的警钟：这一次是一个世界性的危机。这些结果表明，尽管大多数国家已经实施了保护鱼类资源的政策，但市场需求仍然强劲，这足以造成全球范围内的过度捕捞。

现在，我们可以总结一下我们的发现。我们能用这些渔业捕捞模型做什么？当然，建立模型的人总是为能够创建一个有效的模型而高兴，但这还不够。重要的一点是，一个有效的模型能告诉你一些关于现实世界是如何运作的。而模型告诉你的东西往往与渔民和行政人员公开陈述的有很大不同。渔业的标准立场是产量下降不是因为鱼少了，而是因为政府、律师、骗子和其他实体在破坏渔业活动，但鱼是丰富的，不存在耗竭问题。这也是非常典型的个体渔民的想法。

插曲：如何成为一个灾难论者

作者：尤格·巴迪

2001 年，我正忙于加州劳伦斯伯克利实验室的一个研究项目。9 月 11 日上午，我在电视上看到了实时播报的世贸中心倒塌。对我来说，这是一个巨大的冲击，但也是我生命中的一个转折点。到那时为止，我主要从事石油化学方面的工作，但这些戏剧性的事件让我明白，石油在我们生活中的作用远远超过化学。这一发现使我转向了另一个研究领域：开发一些可以告诉我们关于人类未来的模型（图 5.14）。

图 5.14　2001 年 9 月 11 日，纽约遭受恐怖主义袭击。

这是一次通往迷人世界的旅程。我发现了“石油峰值”的概念，矿产资源枯竭的问题，污染以及气候变化的影响。从事这一领域的研究人员良莠不齐，他们大多数人都倾向于建立悲观和毁灭的情景。石油峰值将带来灾难性的经济崩溃，而重要矿产资源的耗尽将使我们回到我们祖先的原始时代，也许是回到那个几万年前靠狩猎和采集为生的时代（这被称为“奥杜威模型”，是已故的理查德·邓肯的创意）。一些人提出了“近期人类灭绝（Near-term Human Extinction）”的概念，有时简称为 NTE。他们认为灾难性的温室效应失控将会导致人类灭绝，温室效应失控将迅速使地球温度上升到使生物圈灭绝的水平。那些拥护 NTE 概念的人似乎对任何与他们观点不一致的暗示都很沮丧。

这种观点不适合胆小的人，但我可以告诉你，它也是非常吸引人眼球的。我用自己开发的几个模型对温室效应失控进行了预测，其中一些模型的结果比一般的灾难更糟糕。其中一个主要的模型我称之为“塞涅卡模型”，该模型的灵感来源是古罗马哲学家卢修斯·阿奈乌斯·塞涅卡的经典语句——“增长是迟缓的，但毁灭是迅速的”。围绕这个主题，我写了两本著作，一本是于 2017 年出版的《塞涅卡效应》[53]，另一本是于 2019 年出版的《崩溃之前》[54]。

起初，我对海洋资源并不特别感兴趣，但这个领域变成了我工作的基础。就像科学界经常发生的那样，它的发生是偶然的。有一天，我发现了一本由亚历山大·斯塔巴克撰写的《美国捕鲸史》（1876）。捕鲸业的衰落给人以某种厄运的感觉，所以我很好奇，想看看斯塔巴克以表格形式报告的数据在笛卡尔图中会是什么样子。令人惊讶的是，我发现鲸油的产量形成了“钟形”曲线，与美国地质学家马里恩·金·哈伯特提出的原油产量曲线相似。因此，就像你在漫画书里看到的那样，我看到一个灯泡在人物的头上闪烁。作为一名物理化学家，我非常熟悉 Lotka-Volterra 模型。那么，为什么不用它来描述捕鲸呢？（捕鲸者是捕食者，鲸鱼是猎物）这是否可行？

答案出现在一个下午，当时我正因感冒躺在床上。出于无聊和焦躁，我开始编写和测试一个基于 Lotka-Volterra 方程的捕鲸模型。我使用的是一台旧的笔记本电脑，速度很慢，以至于今天我仍然想知道它是如何执行这个算法的。但是，不知何故，这台老电脑运行了大约一个小时的程序，然后就得出了结果。该模型合理地重现了斯塔巴克数据的钟形曲线！

这是一个新想法的开始：应用 Lotka-Volterra 模型来研究资源枯竭，特别是鱼类的过度开发。后来，我开始拜托其他人来帮助我完成这项工作：我以前的学生亚历山德罗·拉瓦奇和伊拉里亚·佩里西，他们在建模和数据拟合方面都比我强很多。其中一个结果就是你正在阅读的《空海：蓝色经济的未来》一书。

当然，这本书也可以被称为“灾难论”，而且，你确实一直在阅读鱼类资源被破坏、渔业破产、海洋被污染、气候变化毁掉一切，以及更多各种各样的灾难。一些人认为我自己是一个“灾难论者”，但是，有时候我觉得自己就像格劳乔·马克斯所说的那样：“我不想加入一个接受像我这样的人的俱乐部。”

真的，我并不像我写的那些书里所描述的那么悲观主义。当有人问我：“你在处理这些令人沮丧的事情时不感到难过吗？”对此，我通常会回答：“难过？谁，我？”我是一个乐观主义者，只是多年的工业研究工作使我欣赏工程师的明智态度，即“总是为最坏的假设做打算”。这不是灾难主义，这是常识，我已经把它作为我的座右铭。所以，我认为我们在未来将面临许多困难，但也认为我们仍然有很多机会反弹和恢复。这是我的观点！

伊拉里亚·佩里西说道：“我可以确认尤格是一个乐观主义者，他一点也不沮丧！有时，他只是偶尔有点心不在焉，这也是教授的典型特征。”

但模型告诉我们一些非常不同的东西：渔业产量和投资之间的不匹配是一个信号，表明捕鱼业正处于紧张状态，渔民试图从更少的资源中获得更多收益，而这种增加努力量的方法并不奏效。尽管投资增加了，渔获量却下降了。你不需要复杂的模型来了解正在发生的事情，但一个好的模型会使情况变得非常清楚：我们正在过度开发鱼类资源。当然，我们应该永远记住厄普顿·辛克莱说的话："当一个人的工资取决于他对自己的工作不理解时，你很难让他理解这件事情。"这句话完全适用于捕捞业。让那些靠捕鱼赚钱的人承认过度开发是非常困难的：这意味着他们必须承认需要减少他们的捕鱼活动，从而减少他们的短期利润。而这在所有行业都是不允许的，不仅仅是渔业。因此，除了继续努力了解和模拟过度捕捞外，我们几乎什么也做不了。虽然最终信息会传递出去，但这需要时间。

但是，我们可以用模型做更多的事情吗？毕竟，模型应该是有预测价值的，我们可以用它们来更好地管理渔业吗？模型不是用来设定配额或开发不同的方法来避免过度捕捞吗？这是可能的，但这是一个复杂的故事，我们将限制自己只考虑主要的因素。除了配额普遍存在的作弊问题之外，我们面临的主要问题是如何确定配额，这取决于模型能做什么，监管当局想达到什么目标。

原则上，当我们谈论配额时，我们通常考虑"最大可持续产量（MSY）"的概念。也就是说，我们希望以不会导致渔业种群下降或崩溃的最高比率进行捕捞。MSY 的概念是成功的，也是 1982 年《联合国海洋法公约》的一部分，同时是欧盟共同渔业政策的一个基石。但我们可以肯定 MSY 是一个好主意吗？人们甚至会问，这个 MSY 是否真的存在。即使假设这样的东西是存在的，又如何能确定它呢？当然，这需要某种模型来理解当你开始从一个种群中捕捞个体时会发生什么。

通常，旨在确定 MSY 的模型是基于种群增长的简单对数曲线，这就是我们在前一节看到的费尔哈斯特曲线。如果合理使用，这个模型可以帮助避免过度捕捞。问题是，真实的生态系统并不遵循模型的平滑曲线。它们是复杂的系统，和所有的复杂系统一样，它们往往会出现振荡，偏离建模者希望它们遵循的良好轨迹。比方说，一个生态系统就像一根炸药棒，如果你正确估计了导火线的长度，你处理它是完全安全的。但是，如果你高估了它，它可能在你手中爆炸。在捕鱼的情况下，如果你设定的配额稍微过高，你就会产生致命的反馈效应。你捕得越多，剩下的鱼就越少，而剩下的鱼越少，它们的繁殖就越少。最后，你以为你在拯救鱼群，但你却把它推向了灭绝的方向。这就是纽芬兰鳕鱼种群的情况。

Lotka–Volterra 模型也许可以用来更好地估计鱼群动态的增长或下降，通过这种方式，可以建立更可靠的配额。即便如此，这个模型也不能描述生态系统的复杂和不可预测的行为：没有一个鱼种在海中是孤立的，所有物种都是相互影响的。干扰一个种群意味着干扰所有其他种群，其结果往往是不可预测的。因此，像 Lotka–Volterra 这样的模型可以告诉你，你正在过度捕捞一个种群，但很难告诉你避免过度捕捞的确切的捕捞水平。很可能没有一个模型能够准确地描述海洋这样一个庞大而复杂的系统以及生活在其中的生物。如果我们理解这一点，我们就应该试着保持谦逊，而不是假装确定一些奇迹般的参数供我们使用和消费，如MSY。相反，我们应该尽量减少破坏，但在一个认为增长总是成功的世界里，无论后果如何，这都是非常困难的。

第六章　未来：蓝色经济

Chapter

06.

The Future:

The

Blue Economy

6.1 深海：海洋宝藏

In the beginning, there was nothing but the Abyss.

——Ancient Sumerian myth

最初，除了深海，别无他有。——古老的苏美尔神话

20 世纪 70 年代，当环保主义成为一股政治力量时，绿色作为一种颜色在政治上变得流行起来。如今，绿党仍然存在，但他们似乎遵循了一个在 20 世纪 90 年代某个时刻达到顶峰的寓言，而现在在大多数国家，绿党正在衰落。但是，如果说绿色作为环境标准的地位似乎正在下降，那么蓝色似乎已经领先了一步。“蓝色经济”的概念通常只指海洋资源，但就像在冈特・保利的《蓝色经济》（2009）一书中读到的那样，也指可持续性的一般概念。蓝色是当今的流行色：我们还读到“蓝色增长”和“蓝色加速”，指的是将工业活动扩大到海洋的希望（图 6.1）。

以海洋、湖泊、河流等资源为基础的“蓝色经济”的概念确立迅速，是一个相对较新的概念。第一届关于蓝色经济的世界会议于 2018 年在内罗比举行。如果我们看一下会议的日程，就可以总结一下讨论的主题。

图 6.1　儒勒·凡尔纳的小说《海底两万里》1874 年版中的一个插图。这是第一次有人提议将海底作为一个探索区域，就像外太空一样。事实上，太空和海底对人类来说都是不利的环境。目前，我们似乎被锁定在我们星球的表面，把这些领域留给了我们的机器人。

1. 旅游业和沿海社区。
2. 能源和矿产资源。
3. 鱼类资源管理。
4. 水产养殖。
5. 气候变化和海洋污染。
6. 海上运输。

几乎所有的会议都设法在所涉及主题的描述中插入“可持续”一词，甚至在能源和矿物资源的主题中，这些主题几乎都是关于近海石油钻探的。至少可以说，石油开采被认为是“可持续的”这种说法十分牵强。但这正是他们所写的：“可持续能源”指的是一个会议，与会者主要可以听到有关海上石油和天然气开采的讨论。

“蓝色经济”概念的其他定义与此类似。你可以在世界银行、世界自然基金会、联合国和许多其他国际机构的网站上找到几个示例。其中，欧盟委员会定义了“蓝色增长”，你可以在其网站的以下段落中阅读。理解它的含义可能需要一些努力，但请注意“增长”一词在几行中重复了三遍，这显然意味着什么[55]。

> 蓝色增长是支持整个海洋和海事部门可持续增长的长期战略。海洋是欧洲经济的驱动力，具有巨大的创新和增长潜力。这是对实现欧洲 2020 年智能、可持续和包容性增长战略目标的海事贡献。

如你所见，蓝色经济是各种活动配以“可持续”、“智能”等流行词汇调味的真鱼汤。详细研究整个领域远远超出我们这本书所能涵盖的范围，但我们会发现我们自己经常与部分相互竞争的经济部门打交道。例如，利用钻井平台对大陆架进行采矿并不完全适合沿海旅游和渔业。再比如，从环境角度来看，海上运输似乎无害，但即便如此，它也会带来问题：船舶很“脏”，尤其是大型船舶。通常，他们为发动机使用质量最差的燃油，这意味着会释放未燃烧的油和燃烧产物。然后游轮将各种垃圾排放到海中，更不用说船只对生活在海面附近的海洋动物造成的破坏。目前，鲸鱼面临的最大风险之一是被船的龙骨击中。鲸鱼的声呐很复杂，但它并不能警示接近它的船只。

最后，还有一个话题很少作为蓝色经济的一部分被提及：海洋的军事用途。幸运的是，美国海军不再使用鲸鱼作为炮兵演习的目标，这在第二次世界大战后的几年里是很常见的（1998 年法利·莫厄特在他的著作《屠杀之海》中对此进行了报道）。但是，即使在今天，海上军事活动也会对海洋生态系统产生毁灭性的影响。除了大型军事舰队造成的污染，美国海军使用大功率声呐作为反潜武器也是一个问题。“声呐”系统以约 235 分贝可怕的强度发出声波，比在你面前以最大音量演奏的摇滚乐队的噪音还要高几个数量级。幸运的是，这些辐射的强度随距离呈二次曲线下降，但对于使用声波探索周围环境的动物来说，这仍然是一个大问题。对于鲸鱼来说，暴露在这样的噪音中有点像你的狗在 7 月 4 日发生的事情。这是非常恐慌的：狗拼命想藏在什么地方，也许是床底下。而鲸鱼却无处藏身。它们可能会试图逃跑或尽可能潜入深水中，但这并不能从噪音中拯救它们。由于听觉器官受损，它们可能会迷失方向，最终搁浅死亡。

因此，今天人们所理解的蓝色经济不一定是可持续的，也不一定对环境有利。那么，我们能从这个想法中期待什么呢？仔细看看一些建议，我们可以看到计划中有很多热门话题。海洋矿产资源的开发就是一个例子。我们将在一个特殊的部分讨论这个主题，但你会看到，我们不应该期待奇迹。与蓝色经济相关的其他活动也有类似的情况，包括旅游业。

如今，乘坐现代潜艇游览海底已经成为可能，有专门从事这项工作的公司，这肯定是一件壮观的事情。2019 年，你可以买一张票，乘坐潜艇前往深度约 3800 米的泰坦尼克号残骸区。但你必须很富有：每张门票的售价约为 10 万美元！也许 2019 年在媒体报道 “特里同” 潜艇撞上泰坦尼克号，且幸运的没有对沉船和船上的乘客造成大的破坏后，你再也没有机会了。毫无疑问，这对他们来说一定是一次非凡的经历，但他们或许不想重复这次经历（图 6.2）。

即使你并不富裕，你也可以欣赏到海洋的壮丽景色。“观鲸” 之旅在世界各地都很受欢迎，本书的作者之一乌戈 · 巴尔迪在旧金山海岸探险时就尝试过。结果并不令人兴奋：鲸鱼倾向于远离船，所有乘客看到的都是远处的浪花，且大多数乘客（包括乌戈）都要承受晕船的代价。但这就是生活，其他鲸鱼观察者报告了更有趣的经历，大型鲸鱼表现得足够友善，可以在他们的船前溅起水花。

图 6.2 “海洋之门”公司生产的 1 型独眼巨人。这艘壮观的研究潜艇建于 2013 年，可以下潜到海平面以下约 500 米。注意亚克力圆顶：它是一种现代技术，为乘客提供了几乎 360 度的能见度。像这样的潜艇，即使不能下潜到很深的地方，也可以带游客去看海底。但如果将他们与水面隔开的薄穹顶破裂，他们将无法逃生，这可能会让乘客难以忘记，这无疑是一次难忘的经历。对人类来说，深海仍然是一个难以征服的领域。

插曲：鱼间的爱情

Daje, daje, lu vitti, lu vitti!
Pigghia la fiocina! Accídilu, accídilu!
“出发，出发，我看见它了，我看见它了！
拿起鱼叉！杀了它，杀了它！”

——多明戈·莫都格诺，“Lu Pisci Spada”（剑鱼）（1958）

在为全球读者编写这本书时，我们避免具体提及我们熟悉的意大利文化。因为我们知道，这些文化对我们这样的非意大利人来说是无法理解的。但我们还是忍不住想向您推荐一首与鱼和捕鱼有关的令人愉快的意大利歌曲。它是由多明戈·莫都格诺（1928—1994）演唱的 Lu Pisci Spada（“剑鱼”）。你可能听说过莫都格诺，他在意大利以外的地方主要以他的歌曲 Volare（1958）而闻名。

这是 Lu Pisci Spada 歌曲的开头。你可以很容易地在网上找到完整的版本。

Te pigghiaru la fimminedda,
Drittu drittu 'ntra lu cori
E chiancia di duluri

（他们击中了这头雌鲸，是的，穿过心脏。她正痛苦地呻吟着）（图 6.3）。

故事讲述了雄剑鱼拒绝离开它的雌性同伴，继续在船附近游。濒死的雌鱼对它说话，试图说服它游开，但它拒绝了，说它想和雌鱼一起死。最后，它也被渔民杀死了。

如果你能听懂意大利语（实际上是西西里语），在听到这首歌时却不感到悲伤，那就说明你是铁石心肠。作为惩罚，海神会把你的船弄沉，这样你胸前的巨石的重量就会把你拖到海底，在那里你会被螃蟹和龙虾吃掉。

图 6.3 被鱼叉杀死的剑鱼。我们无法判断它是雄性还是雌性，但也许杀死它的鱼叉尖直接刺穿了它的心脏，就像多明戈·莫都格诺的歌里唱的那样。

这首歌确实是意大利流行音乐的小杰作，但有一个问题：这是一个真实的故事吗？显然，我们不能指望一首流行歌曲是一本生物学专著，但这个故事可能离现实并不遥远。我们要从头开始：在墨西拿海峡，仍然有人乘坐类似于几百年前“小帆船”，用鱼叉捕获剑鱼。这是一种当地的手艺，当然很残忍，但不会对环境造成严重破坏。由于近几十年来世界各地都采取了保护措施，由于剑鱼不是濒危物种，西西里的渔民只能捕捉到有限数量的这种大鱼。但是，对于一条鱼爱上另一条鱼，我们能说些什么呢？剑鱼真的是雌雄成对出入的吗？

我们在学校里学习的东西往往会让我们认为鱼的性行为与人类的性行为非常不同，是相当简单的。他们使用的方法被称为“产卵”。雌鱼将卵释放到水中，卵在水中漂浮或慢慢沉到水底。雄性过来将它的精子喷洒在卵上。想象一下，如果人类使用同样的策略会发生什么：在网络上，色情网站将充满卵子的图片！

实际上，鱼的性生活远比这复杂得多。即使在雌鱼和雄鱼没有身体接触的简单情况下，它们的相互存在是通过一种叫信息素分子进行交流的。然后，雌鱼使用各种技巧从雄鱼身上选择精子。当然，它们不希望自己的卵子被第一个经过的雄性受精（甚至人类雌性也不希望如此！）。但故事并没有就此结束：在一些情况下，卵子受精是在雌性体内进行的。卵子可以在那里停留一段时间，然后被释放。或者，通过已经出生的小鱼被释放出来。在所有这些情况下，雄鱼和雌鱼都是成对交配的。所以，是的，鱼确实会做爱！

剑鱼是一种通过交配来繁殖的鱼。因为它们是相当大的鱼，数量很少，而且它们不群居，通常是孤立的动物。但是，在一年中的某些时候，它们可以形成稳定的雄性和雌性伴侣。这可能是西西里的渔民们注意到的，当他们中的一个人说他们先杀死了一对剑鱼中的雌鱼，然后又杀死了雄鱼。通过假设雄鱼想和它心爱的雌鱼一起被杀死，这个简单的故事就这样被美化了。

我们谁也不知道鱼是怎么想的，但宇宙总是遵循相同的规律。如果我们想把雄性剑鱼和雌性剑鱼之间的关系称为“爱情”，为什么不这样做呢？

尽管旅游业是一个重要的经济组成，但无论如何与蓝色经济的主要收入——渔业，或者说海洋食物生产相比，旅游业与海洋有关的部分价值仍然是微不足道。根据联合国粮农组织的数据，2016 年全球渔业产生的价值约为 1 430 亿美元，考虑到非法捕捞和当地消费捕捞，可能远远超过这个数字。

同年，水产养殖生产的鱼类和其他产品价值约为 2 430 亿美元。从这些数据中，你可以看到海洋食品生产的营业额开始接近 5 000 亿美元。与一个国家的主要 GDP 相比，这虽然不是一个很大的数字，但也不是微不足道的。最重要的是，这些数据告诉你蓝色经济的真正明星是什么——水产养殖。

时至今日，水产养殖已经成为一个有魔力的词，一种可以解决所有渔业问题并能够养活世界上每个人的技术。水产养殖的受欢迎程度并不是来自营业额的绝对值，而是主要来自该行业的快速增长：在过去 20 ～ 30 年里每年增长 6%，在某些特定行业，例如鲑鱼，甚至出现两位数的增长。令人印象深刻的是，在几乎所有经济部门都陷入困境时，一个工业部门却能实现如此快速的增长。当然，这种快速增长可能是因为工业水产养殖从一个非常小的基础开始的结果。尽管如此，它的显著增长，仍是今天蓝色经济概念流行的主要因素。

所以，如果蓝色经济是你在餐馆里吃的东西，主菜就是鱼和其他海洋生物， 剩下的就是配菜了。但我们不应该感到惊讶：鱼类、软体动物和甲壳类动物一直是人们出海的主要原因，时至今日并没有太大的变化。那么，各种形式的蓝色经济前景如何呢？我们将在接下来的章节中研究它。

6.2 蓝色力量：来自大海的能源和矿物质

ROLL on, thou deep and dark blue Ocean, roll!
Ten thousand fleets sweep over thee in vain. Man marks the earth with ruin; his control. Stops with the shore; upon the watery plain The wrecks are all thy deed, nor doth remain, A shadow of man's ravage

Lord Byron "The Ocean" (1788—1824)

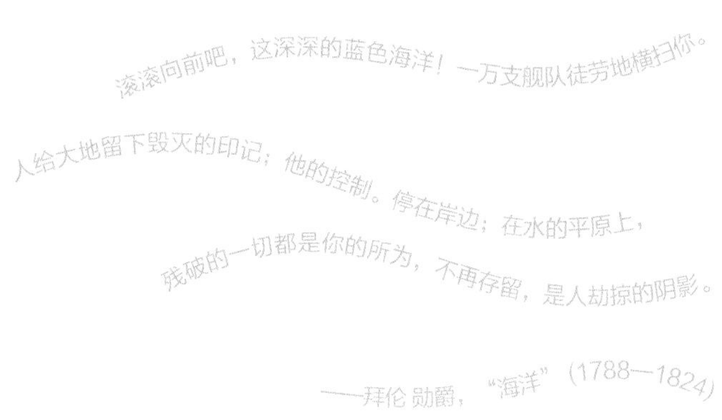

20 世纪 20 年代，德国从第一次世界大战的失败中走了出来，变成了以前的幽灵。受害者的数量令人震惊，人民仍然饥饿虚弱，经济在胜利盟国施加制裁的枷锁下崩溃。在灾难中，一些人寻找创造性的方法来摆脱危机。其中一位是著名的化学家弗里茨·哈伯，他因多项发明而闻名，其中包括他与同事卡尔·博世共同发明的从大气中提取氮并制造肥料（和炸药）的工艺。

从 1920 年开始，哈伯开始考虑从海洋中提取黄金，以帮助他的国家破产的财政。但是，经过几年的工作（以及专门为此建造了一艘船），他不得不放弃。海水中确实有黄金，但浓度极低。我们说的是万亿分之一的量，就像 8 克黄金换 1 万亿克水。为了让你了解这意味着什么，一万亿克水的体积相当于埃及金字塔的体积，或者你更乐意说它是 1 000 个奥林匹克游泳池的大小。显然，为了得到一克黄金而加工这么多水注定了整个过程是不经济的。

弗里茨·哈伯的失败说明了人们是多么容易高估海洋资源的潜力。大海确实比大陆大，你可能会认为，从海中提取有用的矿物质是可能的，而不仅仅是沙丁鱼和鲭鱼。因此，我们看到许多关于如何利用海洋作为矿产和能源来源的想法和建议，也就不足为奇了。这些数字似乎支持这些观点：海洋中储存的物质和能量是巨大的。但是这些想法实际吗？不幸的是，美丽的理论在面对丑陋的现实时往往会支离破碎。就海洋能源而言，目前我们只有技术原型。至于从海洋中提取矿物质，我们仍然局限于那些提取了几千年的矿物质，主要是食盐。

让我们更详细地看看这种情况，从能源开始。关于如何从海洋中提取能量的各种建议可以总结为：

· 潮汐能。
· 海流能量。
· 盐差能（渗透压）。
· 热能。
· 波能。

对这些技术的潜在产量已有估计。例如，在 2007 年，IEA（国际能源署）报告了以下数据：

- 潮汐能每年为 300 太瓦时。
- 海流能每年为 800 太瓦时。
- 盐差能每年为 2 000 太瓦时。
- 热能每年为 10 000 太瓦时。
- 波能每年为 8 000 ~ 80 000 太瓦时。

如果我们考虑到今天我们每年生产超过 15000 太瓦时能量的主要能源是化石燃料，那么以上数据不是非常令人印象深刻。只有来自海浪的能量能超过这个数值。在实践中，这些都是纯理论值。迄今为止，这些方法中没有一种产生了更多的原型，但也没有可以大规模复制的商业技术。

有什么问题吗？这正是我们要开发的东西的本质。并不是海洋不包含能量；而是里面包含了很多。问题是“很多”并不意味着 “容易获得”。这一点对于那些在 2004 年和 2011 年遭受海啸袭击的人来说是清楚明白的。冲击海岸的海浪带来了巨大的能量，但将其用于实际用途是不可想象的。对于正常的海浪也是如此。从波浪中产生能量的想法看起来很简单：拿一个浮标，把它连接到机械轴上，然后把轴连接到发电机上。把这个装置放在海面上，波浪推动和拉动浮标，就可以发电了。但如果你计算一下，收益率却很低。此外，第一场到来的大风暴就破坏或摧毁机器也是极大可能的。潮汐的情况也一样：所涉及的能量很大，但低梯度和低效率使其成为工业开发的失败赌注。因此，从海里提取机械能并不容易。

当试图利用海洋的热力梯度时，也要考虑同样的问题。这里的问题是热力学第二原理。它说热机的效率与输入和输出之间的温差成正比。在海洋中，要找到足够大的温差来让热机以相当高的效率工作几乎是不可能的。有些人正在做这样的尝试，这个想法甚至有一个缩写“OTEC（海洋热能转换）”，但前景并不光明。支持者声称他们可以利用的热梯度不超过 20 摄氏度[56]。在这种情况下，如果他们能取得几个百分比的效率，那将是一个小小的奇迹。也许在某些特殊情况下它能起作用，但不要指望用这种方式来解决世界能源问题。类似的情况也适用于渗透压产生的能量，也就是来自水中盐浓度的差异。这其中所涉及的总能量很大，但梯度很小。热力学的第二原理总是打破我们的幻想。

尽管存在以上所有这些问题，但从海流中提取能量的可能性仍然存在，我们确实有大量潜在的可开发能源。海洋洋流的强度是以“Sverdrup（Sv）”为单位来测量的，Sv 代表每秒一百万立方米的水流。一个 Sv 是很多水，但数百个 Sv 能产生一定的洋流。考虑到南极环绕洋流的流量为 125 Sv，即每秒 1.25 亿立方米。想象一下：这是一场环绕南极洲的持续海啸。问题是捕获南极绕极洋流来产生可用的能源是无法想象的。只要看看任何关于船只从合恩角穿越德雷克海峡到南极洲的视频报道就知道了：800 千米的波涛汹涌的大海。在古代，一艘船能在横渡中幸存是一个小小的奇迹；即便在今天，在横渡中幸存的概率仍然很低。想象一下在那里设置能源生产设备会发生什么。

要想从洋流中产生能量，我们能做的最好的事情就是找到靠近海岸的地方，以及洋流强大的地方。好的候选地可能是墨西拿海峡和英吉利海峡。放置在那里的水下推进器可以产生相当有效的能量，其优点是海流足够恒定，可以提供持续可靠的能量供应。在实践中，尽管有希望和一些实际尝试，但这是一项从未起飞的技术。目前还不清楚是哪里出了问题：可能无非是在恶劣的天气、大风和风暴中使用繁琐且仍在试验的技术在海上工作所带来的困难和成本。或许这些机器的巨大螺旋桨会使海里的鱼不得安宁，更不用说如果蓝鲸拦截了螺旋桨会发生什么。在未来，我们可以在工业规模上使用这些技术，但显然，如果这很容易，它早就被实现了。

所以，现在唯一可以安置在海上的能源生产设备是传统的风力涡轮机，涡轮机的塔就可以固定在海底，使它可以在足够浅的海水中运行。这些设备在北海特别常见。有传言称，为了避免占用陆地空间，可以将光伏电站建在海上。这也是可能的，尽管现在还没有做。总的来说，从海洋获得丰富能源的前景并不光明。

现在让我们转到从海洋中提取矿物的问题上来。我们已经提到过弗里茨·哈伯从海水中提取黄金的尝试失败了，但这并没有阻止这一领域的尝试。在这里，我们需要区分两种可能性：一种是提取溶解在海水中的矿物质；另一种是从海底采矿。这两个概念属于完全不同的领域，我们将分别进行研究。

让我们从海水中提取矿物说起。这种方法通常用于某些矿物，我们在前一章讨论过氯化钠的提取，氯化钠是一种常见的食盐。在这种情况下，每升海水能提取 35 克食盐，这个浓度比弗里茨·哈伯试图提取的黄金的浓度高数十亿倍。这使得提取氯化钠在经济上是可行的，尽管食盐的价值远不如黄金。但请注意，今天，就像过去一样，氯化钠不仅是从海水中提取，也以一种叫做岩盐的矿物形式从陆地上的矿山中提取。显然，过滤或蒸发大量水的成本很高，而从矿山开采在经济上更具有竞争力。从海水中提取氯化钠可行，但昂贵。其次，食盐是海水中离子浓度较大的一种特殊情况。那么，我们能提取其他矿物吗？

在海水中浓度最高的矿物离子中，仅次于钠的是镁。它的浓度比钠低十倍左右，但它已经在商业提取，因为这一过程可以生产用于医疗用途的纯镁。镁的问题与其他浓度相对较高的溶解矿物质（如钾）一样。这不是一个提取的问题；它是关于将浓度较低的矿物从浓度较高的矿物中分离出来的问题。实际上，除了氯化钠和镁，其他元素很少从海水中以商业用量提取。

从理论上讲，像钾、钙和其他一些存在于海水中离子，它们的浓度大到可以用合理的成本提取它们，但它们对现代工业社会并不是至关重要的。唯一能从海水中提取的真正有利润的工业金属是锂，因为新一代的锂电池可以用于电动汽车。目前，从陆地上提取锂比较便宜，但它是海水中相当丰富的离子，因此在未来可以从海洋中提取，尽管成本相对较高。幸运的是，如果电池能被有效回收，我们可能不需要大量提取。

我们可以考虑从海洋中提取那些我们在陆地上可能即将耗尽的矿物质吗？原则上，这个想法似乎是有希望的。让我们以铜为例：大约有10亿吨铜溶解在我们地球的海洋中。这看起来是一个非常大的数量而且也确实如此，但也需要考虑到我们每年从陆地上的矿山生产大约1 500万吨铜。如果我们以这样的速度从海洋中提取铜，仅需要60年铜就会被耗尽。也许海洋中的铜储备会通过从岩石中浸出的铜或人为污染得到补充，但我们不知道这需要多长时间，也不知道它是否会提供一个持久的来源。对现代工业世界至关重要的所有这些矿物都存在同样的问题，它们同时面临着未来枯竭的危险，而且在许多情况下，现在已经遇到供应问题。想想锌、铅、铬、钴、稀土和贵金属——它们都以非常小的浓度以溶解离子的形式存在于海洋中。考虑到处理大量水的成本，以目前的用量提取它们简直是不可想象的。

只有一个例外：铀。众所周知，铀被用作核工业的“燃料”。鲜为人知的是，目前的铀矿产量几乎不足以维持现有核电站的运转，更不用说增加它们的数量了。由于现存资源的数量级较低[57]，陆地矿山的生产铀的成本非常高昂。这引起了人们对从海水中提取铀可能性的极大兴趣。

让我们来评估一下，海水中的铀浓度刚刚超过每升1微克（百万分之一克）。它的浓度大约比铜低1/5，但考虑到我们使用的铀比铜少得多，每年仅使用约6万吨铀，而铜每年约有1 500万吨。但无论如何，这个任务是巨大的：我们可以计算出，假设我们能以100%的效率做到这一点，要提取目前每年 6 万吨的铀需求，我们需要过滤相当于整个北海的水[58]。这不仅仅是一个巨大体积的问题：铀是一种能源，但提取它同样也需要能量。因此，只有当提取过程所需的能量小于核电站中铀的能量时，整个过程才有意义。这就是“能源投资回报”的概念，通常用缩写 EROEI[59] 表示，理解为投资的能源与获得的能源之间的比率。如果 EROEI 小于 1，整个过程就产生的能量而言是净损失。在从海洋中提取铀的情况下，一些研究表明，研究则表明 EROEI 可能小于 1[58]。目前，还很难说这一过程在未来是否可行，但我们可以说，我们还远远不能像捕捞金枪鱼或鳕鱼那样“捕捞”铀。在实验测试中，最多只提取了几克铀，与我们每年 6 万吨的需求相距甚远。

现在让我们考虑其他可能的海洋开采技术，即从海底提取矿物。当然，对一些矿物的开采已经在进行，在许多海滩上，你可以看到钻井平台正在从海底开采石油和天然气。但除了石油和天然气，我们还能开采其他东西吗？到目前为止，这是不可能的。从海底开采的具有商业价值的固体材料只有钻石和煤炭。海底矿物资源匮乏的原因是复杂的，关于细节，请参阅乌戈·巴尔迪的《提取》（2014）一书。首先，成本是一个问题，但真正使这项尝试注定失败的是海底不包含人类感兴趣的矿物质。大部分的海底在地质上还太年轻，无法形成在大陆上产生矿藏的那些过程。海底矿产资源只能在靠近海岸的地区发现，这些地区是大陆板块的一部分，在那里，当海平面低于现在的水平时，在陆地上产生矿产的地质过程可能会活跃（图 6.4）。

图 6.4 巴西近海的一个石油平台；这是 P51 平台，由巴西石油公司所有，自 2008 年开始运营。

即使在水下有矿产资源的地方，开采它们也是困难和昂贵的。没有真正的 “水下矿井” 被开发过。但是，在某些情况下，可以从在陆地上挖掘的隧道开始获取水下资源。日本和加拿大过去曾开采过海底煤矿。当然，煤矿工人可能是世界上最糟糕的职业之一，但更糟糕的是在水下煤矿里当矿工。但在日本长崎海岸附近的端岛地下的煤矿矿脉上，人们就是这么做的。如今，这个煤矿已经被废弃，岛上只剩下破败的建筑，现在是一个旅游胜地，提醒我们过去矿工的艰苦生活。

在未来，只有石油和天然气可以从海底开采的规则可能会有例外。“锰结核” 在深海平原上的发现就是一个例子。这些结核是在海洋底脊的高温地质作用的产物。在那里，来自地幔的热岩浆被对流运动不断推到地表。这些结核随后被海底的 “传送带” 缓慢地推离山脊，这种传送带以数百万年的时间循环利用海底。原则上，这些结核可以以商业规模收集，但

这个想法从未付诸实践。我们从陆地矿山获得了足够的锰，现在开始从海底开采锰的昂贵而不确定的过程几乎没有意义。除此之外，在深海海底没有其他可供开采的工业矿物。

也许有一天会找到方法，使我们不仅可以利用海洋捕鱼，而且还可以利用海洋中的矿物质。希望可以在不破坏海洋生态系统的情况下实现这一目标，如果我们将我们的工业消耗限制在远低于目前的水平，例如通过循环利用我们使用的东西，海洋可以成为大量“天然顺势”可以关闭循环的矿物来源，从而实现真正的循环经济。但是，就目前而言，这个想法仍然是一个梦想。

还有一种从海洋中提取资源的技术很少被应用在蓝色经济，或许是因为它并不被视为一种新技术。这就是海水淡化，从海水中生产淡水。海水淡化的历史可以追溯到古代，但在很长一段时间里，唯一可行的技术是蒸馏。这意味着将水煮沸，然后冷凝水蒸气，就像威士忌或干邑白兰地的制作方法一样。但是，如果对酒类来说，这一过程的成本与最终产品的价值是一致的，那么对水来说就很少是这样了。直到最近，海水淡化仍然是一个昂贵的过程，只有在紧急情况下才使用。

情况在 20 世纪 50 年代发生了变化，当时加州大学洛杉矶分校的西德尼·洛布和斯里尼瓦萨·索里拉金开发了我们现在称为“反渗透”或“超滤”的过程。这项技术彻底改变了一切，使以 3—5 千瓦时 / 立方米的成本获得纯净水成为可能，这比任何其他脱盐技术都要低。以目前每千瓦时的成本计算，这意味着每立方米淡化水的售价约为 1 美元。这使得它适合人类消费，尽管不适用于农业，因为在农业上它仍然过于昂贵。与此同时，基于多级闪蒸（MSF）的新技术被发展到可以与反渗透竞争的程度。

通过海水淡化生产淡水的产量一直在快速增长，据估计，当今世界上有近 20 000 台设备，主要分布在热带和赤道地区，生产了世界 1% 人口每年生存所需的约 300 亿立方米的水量。这种生产的一个问题是，所需的能源主要来自化石燃料，所以淡化水的生产对全球变暖造成了不可忽视的影响。在未来，这些设备可以使用可再生能源，但无论如何，与陆地生态系统相比，人类从海洋中生产淡水的努力仍然非常有限。据估计，自然过程大约产生 500 万亿立方米的雨水[60]。海水淡化厂每生产 1 升水，就有超过 10 万升水从天而降。应该有可能找到一种方法，让这些雨水满足我们的需要。

总结这一节，我们注意到，除了我们已经看到的所有实际和成本问题，通常从海洋中获取矿物和能源的主要障碍是不被考虑的东西：污染。我们讨论过的几乎所有技术如果大规模应用，都会对海洋生态系统产生毁灭性的影响。从溶解的金属离子中获取矿物质意味着要过滤难以想象的大量的水，并破坏所有主要的海洋生态系统。同样的考虑也适用于从波浪、潮汐或热梯度产生能量技术的各种想法。这些装置应该被放置在海岸附近，它们对自然生态系统的影响将是灾难性的，包括海洋将不再适合捕鱼或其他沿海活动。和往常一样，尽管蓝色经济大肆宣传，但还是有必要谨慎行事。

6.3 全球化：海上运输的未来是什么？

Globalization has made the financial elite who donate to politicians very, very wealthy ...
but it has left millions of our workers with nothing but poverty and heartache.

——Donald Trump（speech delivered in 2016）

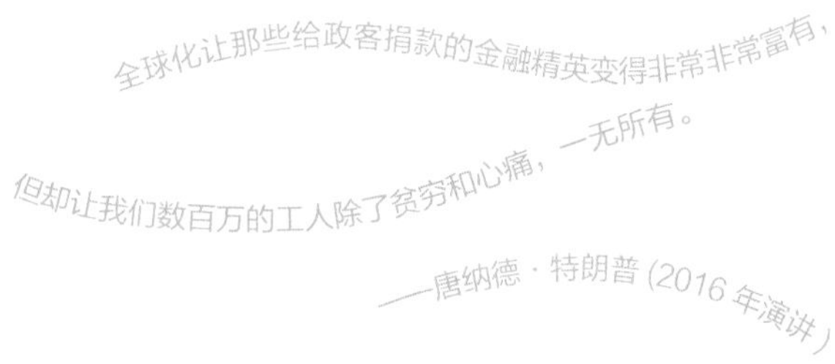

古罗马人拥有非常先进的海上运输系统。他们的货船穿越地中海，运载着各种各样的货物，但最主要的是北非和东部出产的谷物，运往对岸人口众多的富裕城市，其中包括罗马。据说在罗马帝国的全盛时期，这座城市的人口达到了一百万。这个城市里的很多人只能靠海运获得粮食才能生存。如果谷物必须用驴或其他东西驮着运输，那么在运到目的地之前，可能就必须用几乎所有的谷物来喂养这些动物。但是货船是由风驱动的，可以用比陆地运输低得多的成本输送大量的食物。城市，尤其是罗马的粮食供应是如此重要，以至于罗马人甚至将其“神化”。也就是说，他们创造了一位名为“安娜”的女神，负责谷物的运输。即使在今天，安娜一词仍被用来定义一个国家的粮食供应状况（图 6.5）。

图 6.5　公元 6.5 年，在罗马帝国时期掌管小麦供应的女神安娜，她出现在公元前 244—249 年菲利普时代的罗马硬币上。

插曲：古代海神和海怪——本维努托·切利尼的美杜莎

从考古遗迹中我们可以看出，古代神话中的生物有各种各样的：飞行的怪物、地下的怪物和普通的陆地怪物，它们是我们僵尸的祖先。有时仁慈，有时邪恶，它们是我们祖先想象宇宙的一部分。当然，还有很多神话中的海洋生物，想想《圣经》里的利维坦，它衍生了无数个关于鲸鱼吃掉约伯的故事。在古典时期，也有关于海洋巨型生物故事，被称为 Cetus（鲸鱼）或 Ketus（凯图斯），这就是现代“Cetacean”（鲸目动物）一词的由来。然后，创造神话的机器继续运转，创造出越来越多的怪物。想想典型的日本怪兽哥斯拉。它看起来像恐龙，但令人惊讶的是，它的名字泄露了它的起源是一种海洋生物：它来自 kujira，在日语中是“鲸鱼”的意思。

古代海洋神灵和怪物的种类如此之多，以至于要用一整本书来描述它们的分类。但是，既然我们在这本书一开始就讨论了水母，那么给我们一些关于我们的祖先是如何看待这些生物的线索可能会很有趣。在英语中，水母的英文是“medusa”（美杜莎），它特别指这些生物的漂浮形态。但是，在古代神话，“Medusa”（美杜莎）指的是蛇发女怪三姐妹之一，是神性或半神性生物，是海洋神 / 怪物福耳库斯和赛特斯的女儿。美杜莎是古希腊罗马万神殿中最著名的海洋神灵之一。

最初，美杜莎是冥界的神“chthonic”，可能被认为是邪恶的。我们早期看到的她的照片显然是受到尸体巨大肿胀的脸启发。但神话的观点往往会随着时间的推移而改变，古人对善与恶的冲突有着微妙的看法。通常，他们倾向于在我们称之为怪物的生物中找到人性的一面。这是美杜莎的例子：神话随着时间的推移而演变，她不再是一个怪物，而是雅典娜的女祭司，一个年轻的女人，不幸在她的神庙里被波塞冬神强奸了。除了被强暴，可怜的人，她还被女神雅典娜变成了一个怪物，因为她的寺庙被亵渎了。

作为一个怪物，美杜莎有一定的能力，包括她有能使任何看见她的人都石化的能力。因此，想要杀死她的英雄珀尔修斯，不得不采取一些策略来避免被变成一尊雕像。所以，他用一个隐形屏幕接近她。他趁她睡觉时砍下了她的头。这算不上英雄主义的巅峰，但故事就是这么说的。

也许本韦努托·切利尼是第一个理解雕塑美杜莎故事中人类因素的现代艺术家。美杜莎是一个年轻女子，先是被强奸，然后被背叛，最后被杀害。在 1554 年的一组 “珀尔修斯” 中，切利尼把美杜莎描绘成一个美丽的女人，只是她的头发是用活蛇做的。切利尼对别人认为是怪物的同理心，也许是我们更好地平衡和自然世界关系所需要的东西（图 6.6）。

图 6.6　珀尔修斯手持美杜莎被砍下头颅的青铜雕像。它由本韦努托·切利尼在大约 1554 年创作，目前保存在佛罗伦萨的 Loggia Dei Lanzi。

你可以在乌戈·巴尔迪的著作《刺胞动物的过去、现在和未来：美杜莎和她姐妹们的世界》（2016）中阅读更多关于这个主题的文章。

安娜女神似乎做得很好，罗马帝国时期的大部分时间都没有遭受大饥荒。谷物运输系统一直持续到帝国的最后几年。直到公元 455 年，占领北非的汪达尔人意识到，掠夺罗马比向罗马人出售粮食更好。他们确实这样做了，获得了大量的黄金，坏名声仍然持续到今天。来自非洲的粮食供应的损失是对这个将继续存在几十年的旧帝国的最后一击，但现在只是一个徘徊在欧洲城市废墟中的僵尸。

古罗马的粮食运输系统很可能是“全球化”经济系统的第一个例子，至少就当时可能发生的情况而言是这样。当时全球化只指地中海地区，但这一体系的运作方式与我们的完全相同：它将资源从帝国的边缘地带转移到帝国的中心地带，并由帝国海军仁慈地（有时也不是那么仁慈）控制。在这样做的过程中，这一体系比任何其他可能的经济体系都能实现更有效的分配。实际上，它使在城市中养活做梦也想不到的庞大欧洲大陆人口成为可能。这给了罗马人军事上的优势，使他们能够征服一个帝国。

我们称之为全球化的现代体系在结构和组织方面与古罗马的粮食供给非常相似。除了规模庞大之外，它还建立基于帝国海军仁慈地控制下的低成本海上运输。区别只是今天帝国的首都不再是罗马，而是华盛顿。现代体系的起源可以追溯到第一个真正全球化的帝国——英国，它在整个 19 世纪主要依靠海上贸易和强大的海军统治世界。在英国皇家海军仁慈地控制下，英国依靠帆船向世界各地出口煤炭。大英帝国沿着其赖以生存的资源耗竭的轨迹前进：英国煤矿的煤炭。当煤炭产量开始下降时，就是帝国灭亡的开始。全球化的火炬由以石油生产为基础的美利坚帝国接过。今天，尽管出现了一些明显的衰落迹象，但它仍然是统治帝国。

今天，装载煤炭等散装货物的船只仍在使用。但世界海上运输系统的支柱是集装箱船，这是第二次世界大战后产生的一种技术进步。当时，美国有大约 500 辆多余的油罐车，用来给他们在欧洲和其他地方的部队提供燃料。它们是老式船，但有人突然想到，与其把它们送到废品场，还不如把它们改装成运输船。因为它们不是为散装材料的运输而设计的，所以绝妙的想法是用预先装好货物的箱子（“集装箱”）来装载它们。这就是今天在英语中仍然偶尔使用的术语“箱船”的起源，后来“箱船”一词被常见术语“集装箱船”所替代。随着时间的推移，集装箱的尺寸变得统一，今天它们在全世界都是完全标准的。集装箱海运采用专用船舶，有的总吨位在 10 万吨以上，可装载 1 万个以上的集装箱。集装箱在港口卸下，装上卡车或火车，然后通过公路或铁路运往任何地方。这是一种叫作“多式联运”的运输方式。正是这种运输方式使货物，特别是粮食，能够以低成本运输到世界各地（图 6.7）。

图 6.7　现代集装箱船——The MSC Zoe。

良好的交通运输技术的存在本身并不足以创建一个全球经济体系。要理解我们是如何达到目前的局面的，我们必须回到第二次世界大战结束后的时代，当时，美利坚帝国面临的主要问题之一是如何遏制其竞争对手苏联帝国的扩张。这意味着要阻止共产主义在非洲和南亚等地区的蔓延，那具体要怎么做呢？当时的想法是把食物送到这些地区的居民手中。它的成功有几个原因，不仅仅是人道主义的原因。这样做的好处之一是，它将这些地区与西方的商业体系捆绑在一起，至少在一定程度上抑制了它们的粮食生产体系，这一体系的效率低于西方体系。另一个好处是，通过为美国农民提供新的市场和国家补贴来支持美国农业。与此同时，新的农业技术被开发出来，这后来被称为“绿色革命”。当然，在海外购买食物的人不能仅仅依靠慈善，他们不得不支付费用。对于那些拥有原油等自然资源可以出口的国家来说，这不是问题。这意味着将他们与全球经济体系捆绑在一起，确保帝国的战略关键资源的供应。没有资源出口的国家必须生产出一些产品，在国际市场上以美元的价格出售。正是这一政策使几个亚洲经济体变成了向西方帝国提供各种商品的制造业强国。利用集装箱船将世界各国经济联系在一起的所有要素都已具备。

结果是非常成功的：在几十年的时间里，全球化的经济体系蔓延到整个西方世界，然后随着 1991 年苏联解体，几乎蔓延到整个世界。无论是过去还是现在，全球化主要是一种金融体系，只要他们能支付美元，它允许任何人使用全球市场生产的商品。金融系统是由一个可以运输货物的海上运输实体系统支持和补充的。通过这种方式，农业生产几乎可以分布在任何地方：自上世纪 80 年代以来至今大规模饥荒已经成为过去；这是海上运输带来的技术和政治上的胜利。

但是未来怎么样呢？在许多方面，全球化正处于危机之中。我们说过，这是国际金融体系突发波动和危机的产物。在 2008 年的金融危机中，我们目睹了金融体系的崩溃。有一段时间，在危机最糟糕的时刻，集装箱船都被封锁在港口，没有钱支付他们的服务。幸运的是，这场危机以某种方式结束了，采取了紧急措施，但这并不意味着它不会卷土重来并摧毁全球化体系。其次，各国政府在世界政治中采取了更加民族主义的立场，这是明显的趋势。例如，在美国，特朗普总统把自己定位为一股思潮的主要代表，这种思潮认为全球化是过时的，对国家经济有害。特朗普不止一次表示，他希望回到一种基于主权国家至少部分独立的经济体系。最后，就在我们写这篇文章的时候，新型冠状病毒肺炎疫情正在全球全面爆发，导致大多数国家关闭了边境。尽管全球经济机器似乎仍在运转，但疫情是一个沉重打击，可能会严重破坏这台机器。

这些因素中是否有一个或几个会很快拖垮全球化，现在还很难说。但我们不能排除全球金融体系在不久的将来崩溃的可能性。这必然会导致向世界各地运送食物的海上运输系统的崩溃。其后果可能是回到大饥荒时期，以及其他一些灾难。我们可能会经历一个与罗马帝国非常相似的循环，尽管华盛顿可能不会被野蛮人洗劫。至少，不会这么快。

除了这些趋势，目前的海运系统还有另一个问题，这个问题也可能与金融问题一样严重甚至比金融问题更加严重：燃料问题。集装箱船的发动机有时能达到 10 万马力甚至更多。也就是说，这些引擎中的一个相当于至少一千辆汽车的引擎。还有一艘集装箱船，俄罗斯的 Sevmorput 号，使用核反应堆作为动力来源。这是世界上唯一的一个，但这让我们对这些漂浮的庞然大物所需的能量有了一些了解。他们的巨型发动机经过优化以获得最大的经济效率。这意味着它们使用的是最便宜的现有燃料，被称为 “重油” 的燃料。它是一种黏性液体，永远不能用于道路车辆或飞机的发动机燃料。因为它燃烧不良，特别是它的高含硫量导致污染严重。但它非常便宜，因此被用于船舶，可能是因为它产生的污染没有被生活在陆地上的人察觉到（当然它可以被鱼察觉到，但正如我们之前说的，鱼不投票）。

越来越清楚的是，这些巨型船只无法继续向海洋中喷射硫黄和未燃烧的碳氢化合物。国际海事组织（IMO）现在发布了一项指令，称从 2020 年起，商用船舶的发动机排放的硫被严格限制。管理这些船只的公司的第一反应是非常聪明的。显然，成千上万的船只安装了作弊装置，从引擎排放的气体中去除硫。但是，这是一个骗局——他们直接将硫排放到海里，造成和以前一样的污染。正如他们所说，法律就是用来被违反的[61]。

但是，除了这些暂时的伎俩外，法律将追究船主的责任，船只将不得不开始使用低硫燃料。这对海运造成了相当大的挑战，对公路运输也产生了影响。为了减少污染，船只应该使用更昂贵的燃料，实际上，他们可能不得不使用柴油。但是，柴油生产能够支持海运吗？这一点也不清楚，石油专家安东尼奥·图里尔在他的博客（www.crashoil.blogspot.com）中声称，除了限制使用重型燃料的立法之外，目前重质燃料的可获得性已经是一个大问题。这主要是由于美国石油生产转向页岩油。页岩油是一种轻质油，不适合生产重油或柴油。图里尔认为，欧洲目前反对柴油发动机的运动就是这个问题的结果：炼油厂生产的柴油数量有限，必须用于海上运输，这比通勤用的柴油汽车更重要。当然，每日往返上班者会不高兴，但他们别无选择。

目前，世界范围内的石油生产情况显示，石油的总产量几乎不变，但重油总量明显下降。因此图里尔的解释似乎有道理，尽管需要一些时间来评估其正确性。无论如何，从海上运输中消除化石燃料的问题是存在的，而且由于石油资源的逐渐枯竭和对抗全球变暖的需要，这个问题在未来将变得越来越重要。那么，船只将如何移动呢？在道路运输的情况下，我们知道一个好的解决方案是使用电动机和电池。但是，对于一艘携带足够电池进行越洋航行的船来说，这是一个更大的挑战。光是装电池就需要另一艘船，有点像老式的火车头拖着一辆“火车头”，一辆装着它们燃烧的煤的煤车。对于船只来说，这也许是一个可能的解决方案，但肯定是笨拙和昂贵的。我们也不能使用船上的光伏板为电池充电，它们可以为辅助系统供电，但不足以让一艘大船移动。

另一方面，古罗马的帆船确实不使用化石燃料，他们用帆。一个多世纪前，帆还被用于海上运输。10 万吨的集装箱船可以用帆来运输吗？这并不容易，但也并非不可能。世界上建造的最大帆船是 1902 年下水的德国 “普雷森号”，吨位为 11 250 吨。这艘船只有现代集装箱船的 1/10 左右，但差距还没有大到让人无法想象的程度。普雷森号似乎是一艘可靠的好船，但糟糕的是它在 1919 年被一艘蒸汽船误撞沉没（图 6.8）。

所以，也许我们可以看到海上运输的风帆回归。事实上，已经有许多有进取心的人修复和翻新旧帆船，并将它们用于

图 6.8　1902 年下水的普雷森。它的吨位超过 11000 吨，这可能是有史以来建造的最大的帆船。

短途海上航行的例子。这些旧船不会取代现代集装箱，但有人建议建造专门用于中程货运的新帆船。例如，看看日本的“绿心项目”公司也有关于未来帆船的讨论,在某些情况下，用风筝代替传统的帆来牵引，目的是在更高的高度捕捉更强的风。还有一些建议试图解决管理传统船只的帆所需的大量船员的成本问题。在新一代的航行运输船中，所有的设备都将由计算机操作的电动机控制，并利用光伏板获得的太阳能。

有没有可能海上运输的未来是在过去，或者更确切地说，是航海的回归？为什么不呢？ 毕竟，未来总是出乎我们的意料。

6.4 水产养殖：加剧问题的解决方案

Expecting carnivorous fish aquaculture to solve the problems of the decline of traditional fishing would be like expecting Enzo Ferrari's cars, rather than the emphasis on public transport, to solve the Los Angeles traffic jam problem

——Daniel Pauly

期待肉食鱼类养殖解决传统渔业衰退的问题，就像是期待恩佐·法拉利的汽车，而不是对公共交通的重视来解决洛杉矶的交通堵塞问题。

——丹尼尔·保利

以前，人们在花园里养鸡是很普遍的。今天，这已经很少见了。但那些尝试过的人说，母鸡可能是一种聪明的动物，当你回家时，它会像狗一样跑来迎接你。但只有在它们有足够的空间在地上活动、啄食和抓挠的情况下，鸡才能成为好宠物。否则，如果它们被迫生活在一个狭小的空间里，它们会迅速吃掉所有活着的东西，只留下光秃秃的土地和可怕的恶臭。现代工业化养鸡场的情况也没有太大不同。层架式鸡笼在世界上仍然广泛使用，它们由单独的钢笼子组成，鸡甚至不能移动。现代家禽养殖场理应更好，但它们应该不会让鸡快乐。它们几乎没有活动空间，生活在水泥地板上，经常用抗生素和杀虫剂治疗，忍受寄生虫的折磨，并接受喙部截肢（无麻醉）。通常，你从很远的地方就能闻到养鸡场的味道。有几起公司以“快乐鸡”为广告宣传其产品的案例，但在不止一起案例中，环保人士在他们的鸡笼里发现了被拔掉毛的、生病的以及死掉的鸡。

养鸡的历史是人类与野生动物关系长期进化的一个例子。仅仅在几千年的时间里，我们从猎人和采摘者变成了牧民和农民。起初，我们的祖先只是跟随兽群，但很快他们开始把食草动物关在马厩和围栏里。在早期，兽群继续在它们熟悉的栖息地找食物，但逐渐地，它们开始完全依赖人类提供的食物。从长远来看，我们已经达到了目前的状况，动物被限制生存在所必需的最小空间里，用工业食品喂养，以最大限度地促进其快速生长。它们被控制、管理以及经常用化学药品来治疗和预防疾病并防止害虫，再被屠杀。最后，它们被养殖场的新产品取代。

我们现在所说的“水产养殖”，即在有限空间内的鱼类饲养或“养殖”，与放牧和土地上的农业是平行的。它的起源很古老：塔西佗（公元一世纪）告诉我们，普布利乌斯·维迪乌斯·波利奥是奥古斯都皇帝时代的一位富有的罗马公民，他养成了惩罚奴隶的习惯，让奴隶把他养在鱼池里的海鳗活活吃掉。当时，海鳗似乎比今天更受欢迎。且罗马人也饲养鳗鱼和牡蛎，可能还有其他种类的鱼。中国人也是如此，在欧亚大陆的另一边，有各种各样的鱼、虾和贝类。

随着罗马帝国的灭亡，鱼类养殖并没有在欧洲消失，尤其是淡水鱼类。它不是现代意义上的水产养殖，而是一种管理湖泊和河流鱼类种群的方法。这些鱼可以用食物垃圾来喂养，或者，在某些情况下，人们会在那些由于自然原因或过度捕捞而导致鱼类消失的地区重新繁殖。这种养鱼模式几乎一直持续到当今的欧洲，但是与传统捕捞相比，直到最近，它仍然是一个边缘活动。中国也做了类似的事情，通常规模更大，主要是为了当地消费而饲养的虾和鲤鱼。这些小规模的活动类似于某些现代版本的“运动钓鱼”或“休闲钓鱼”，业余渔民围坐在小养殖池边捕捞养殖的鱼。然后，鱼通常会被扔回水中，这一方案被称为 “抓放”。这种类型的钓鱼应该是为了乐趣（但对鱼来说肯定不是乐趣）！

最近情况发生了很大变化。在过去的几十年里，海洋动物的养殖已经不再是一项以家庭为基础的活动。它扩展到各种不同的物种，并成为一种工业活动。这是 20 世纪 80 年代开始对传统捕鱼造成损害的过度捕捞的结果。由于无法维持某些珍贵鱼类的捕捞量，例如鲑鱼，于是刺激了对在池中养殖鱼类的投资。人们很快发现，不仅鲑鱼可以养殖，许多其他高价值物种，例如，鲟鱼、鲈鱼、鳟鱼和许多其他物种也可以养殖。生产价值极高的水产养殖业和传统渔业之间迅速形成了一种共生关系，传统渔业转而捕捞对人类没有价值的鱼类，并将其转化为鱼粉，然后用作养殖鱼类的食物。

随着传统渔业的衰退，水产养殖继续以惊人的增长曲线发展。1970 年，水产养殖业生产的鱼还不到全球鱼类的 4%。从那时起，它继续以每年超过 11% 的速度增长，最近显示出一些放缓的迹象，但仍在增长。2000 年，水产养殖占全球鱼类产量的 27%。2013 年，水产养殖鱼类产量超过牛肉产量。这是一个需要谨慎对待的等量：在相同重量的情况下，鱼的卡路里含量约为肉类的一半，但这事实上是水产养殖业的一个小小的胜利。

今天，联合国粮农组织（2018 年）报告称，全球渔业产量每年约为 1.6 亿吨，包括水产养殖和传统渔业。但是，在传统渔业生产停滞或减少的同时，水产养殖业的生产继续增加。水产养殖与传统渔业产量相当的交叉点可能很快就会到来，或者可能已经到来。当然，水产养殖每年生产食品 8 000 多万吨，还远未达到传统陆基农业每年生产粮食 40 多亿吨的生产水平。但考虑到鱼类的热量远远高于大多数农产品，这仍然是一个显著的结果。在总经济产量方面，我们没有水产养殖的具体数据，但整个渔业在 2010 年的鱼类产品贸易预算约为 1 200 亿美元，是全世界在面粉上支出的 3 倍[62]（图 6.9）。

所以，在过去的几十年里，鱼类生产出现了一场令人难以置信的革命，可以与著名的“绿色革命”相提并论。这场革命始于 20 世纪 60 年代，极大地提高了农作物的产量，水产养殖从一个家族企业转变为一个全球产业。可以想象，中国在世界水产养殖产量中占据了最大份额，中国的水产养殖产量超过世界总量的 60%，占据了最大的份额。紧随中国之后的是其他东南亚国家：印度尼西亚、印度和越南等。虽然亚洲国家仍然专注于淡水物种，但北美和加拿大的重点是鲑鱼水产养殖，这是一个快速增长的行业。欧洲在这方面

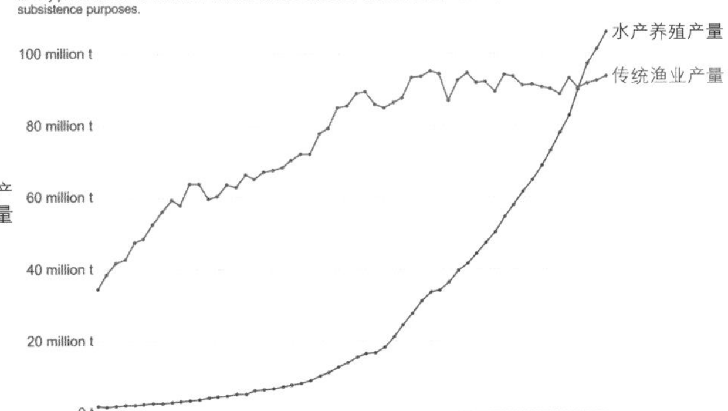

图 6.9　水产养殖和传统渔业的鱼类产量为数百万吨。来自“我们的数据世界”的数据。（资料来源：联合国粮食及农业组织）

仍有些落后，但正在增长。例如，在意大利，鲟鱼在 20 世纪 50 年代就灭绝了，但现在意大利有生产鲟鱼和鱼子酱的渔场。2019 年，媒体报道称，一只从养殖场逃出来的鲟鱼在亚得里亚海被捕获。它是重现于今的古生物：有点像电影《侏罗纪公园》中的恐龙。

公众在很大程度上没有注意到水产养殖革命，主要是因为它没有改变人们的习惯。在超市或鱼市场，各种各样的鱼仍然在出售，名字和颜色都是一样的，价格也大致保持不变。唯一不同的是标签上用小字标明了鱼被捕获或饲养的地方。但只有那些努力去读它的人才会注意到，他们买的不再是海里捕捞的鱼，而是水产养殖场生产的鱼。一般的客户通常也没有意识到，货架上的红色鲑鱼不仅来自养殖池，而且是人工上色的，看起来像野生的。并不是说新鲜的鱼已经完全消失了，而是大多数的鱼已经不值钱了，如沙丁鱼，鲱鱼等等。一些过去的特产已经不再像野生鱼的形式出售，例如鳕鱼以鱼条的形式出售，而且也不是在北大西洋传统地区捕捞了。但是，如果你想要鱼子酱，你只能从水产养殖中找到。

在多个方面，我们可以把水产养殖看作一个成功的故事：人类发明如何成功地取代过度开发资源的另一个例子。就像在美国市场上，页岩油基本上取代了传统石油一样，在世界鱼类市场上，养殖鱼类也基本上取代了野生鱼类。但是，水产养殖真的像人们常说的那样成功吗？和往常一样，过度的热情并不是一件好事，我们需要更详细地研究这个行业的发展，以了解到底发生了什么。

养鱼有时可细分为三类：粗放型、集约型和高度集约型。其中，最简单的一种叫作“泛化”。我们可以将这项技术与传统的畜牧业相比较。就像在畜牧业中一样，兽群仍然留在它们作为野生动物时占据的栖息地。在广泛的水产养殖中，鱼类继续在自然环境中生活。只是它们的活动受到水下的笼子或其他障碍物的限制。鱼可以在这些笼子里找到它们的天然食物，尽管这些食物通常是由人类提供的。给笼养的鱼提供食物被称为“施肥”，与农业养殖类似。广泛的水产养殖可以在淡水和盐水中进行，但在第一种情况的淡水中，如果有一个适合的封闭水体，可能就不需要金属笼。在第二种情况的盐水中，笼子通常被放置在海边，靠近海岸（这通常被称为“海水养殖”）。通常，水族箱用来饲养不止一个物种，目的是重建自然环境的一部分营养链。这被称为IMTA（综合多营养水产养殖）。例如，某些动物的粪便可以用来支持植物或藻类的生长，这些可以是鱼的食物。在这些笼子里可养殖鱼类的密度极限通常是由可用的氧气量决定的。反过来，这又取决于洋流的强度和产生氧气的浮游植物的存在。

集约化水产养殖是一种复杂得多的活动，它更接近工业加工而不是农业，因为它的鱼类密度远远高于大规模水产养殖。集约化水产养殖的理念是克服自然环境的限制，通过迫使鱼类生活在非自然拥挤的环境中来提高系统的生产力。这种情况与在陆地上的马厩或畜栏里饲养的动物相类似。集约化水产养殖的一个问题是鱼缸里缺乏氧气，这么多鱼在一起可能会窒息而死。由于这个原因，水被不断地泵进和泵出笼子。在这种水产养殖中，饲料通常完全由人类提供。

最后，还有一个极端的例子，过度密集的水产养殖。它在水中相当于陆地上的鸡笼。水是连续不断的，用压力系统（“电流系统”或“电缆管道”）进行更新，有时还直接提供额外的氧气。这个缸像一种飞船，它的温度、照明、盐度等各种参数都是不断调整和优化的。在某些情况下，水流至少是部分循环的，而流出的水，装载着细菌和氨的鱼排泄物，可以被处理和净化以再次使用，这可以节省大量的水。这个过程也减少了储罐外的环境破坏。过度粗放型水产养殖能产生最大的鱼类密度、最大的产量和最大的利润，在某些情况下，还能产生最大的污染的水产养殖。

所有这些系统都有相似的特点和问题。为了了解它们是如何工作的，我们需要回答一些基本问题。

1. 鱼是从哪里来的？

2. 如何喂鱼？

3. 如何管理污水？

原则上，鱼类可以在养殖池中繁殖，但这种情况很少见。更常见的情况是，有专门从事鱼类繁殖的公司生产幼体（“鱼苗”），并将其出售给在水产养殖池中饲养这些幼体的公司。当幼鱼被放入水产养殖池时，人们用 “播种” 这个类似农业的词语来比喻。

在养殖池里喂鱼是影响整个过程成本和可持续性的一个基本问题。在传统的以家庭为基础的水产养殖中，像鲤鱼或罗非鱼这样的鱼可以用低成本的农产品或简单的厨房垃圾喂养。在某些情况下，养殖的物种可以自己找到食物；这种情况主要发生在水生植物、贻贝、蛤和其他无脊椎动物身上。但是，在工业水产养殖中，鱼通常是肉食性的，鲑鱼就是一个很好的例子。现在，你一定记得那句老话：“大鱼吃小鱼”。这是真的，这些鱼吃肉，这意味着这些鱼在养殖池里根本不可能自己找到足够的食物。也就是说，除非它们变得同类相食，有时它们确实会。因此，鱼必须喂高蛋白食物。并不是说他们必须 100% 吃肉，在某种程度上，他们可以习惯来自蔬菜的蛋白质和碳水化合物。但这是有限制的，就像动物园里的狮子不能吃意大利面一样。

饲养食肉鱼类的问题主要在于一个众所周知的生物学事实，即“10% 定律”。即从一个营养层到另一个营养层的每一个过程中，例如，从草食动物到食肉动物，大约 90%

的代谢能量会丢失。也就是说，需要大约 10 公斤的草食动物才能产生 1 公斤的食肉动物。所以，要制造一头 100 公斤重的狮子，需要一吨羚羊或斑马。这就是没有人吃狮子排的原因，因为饲养食肉动物总是很昂贵的。 三文鱼和金枪鱼也是如此。10% 定律告诉我们，生产一公斤养殖鱼需要大约 10 公斤高蛋白饲料。

因此，水产养殖一直依靠低经济价值的鱼类来喂养高价值的养殖鱼类。原因很简单：很少有富含蛋白质的饲料像某些鱼类那样便宜。例如，被称为 “沙鳗” 的鱼是一种典型的和可选择的鱼类饲料来源。没有人想在餐厅吃沙鳗，每个人都想要鲑鱼，所以这个想法是通过水产养殖把鳗鱼变成鲑鱼。但是，如果从经济上讲，这是有意义的，从这一过程的效率来看，这是一场灾难。想想看：你必须从捕捞沙鳗开始，然后把沙鳗变成鱼粉，然后在鱼缸里喂养鲑鱼，最后用鲑鱼来喂养人类。这个低效的过程是此行业的一大问题。如果人们意识到，通过购买养殖的鱼，他们扔掉的食物是他们带回食物的 10 倍，他们可能会在购买时更加谨慎，或者至少在支持水产养殖作为一种食品生产技术时更加谨慎。

受到这一问题的影响，该行业一直在试图减少他们使用饲料中鱼的数量。这并非不可能：食肉鱼类需要富含蛋白质的食物，但它们对蛋白质的来源并不挑剔。一个世纪以前，马肉有时被用来喂鱼。这是可能的，因为在美国和欧洲有大量的马，在美国没有人想要吃马肉。但是，随着汽车的普及，马的数量直线下降，用马肉做的鱼饲料变得太贵了。如今，饲料中含有各种蛋白质，部分来自陆地上饲养动物的排泄物

（鸡、猪、牛等），部分可能包含谷粒和大麦等这些含有一定蛋白质的谷物，而且这些谷物颗粒的优势使他们容易包装和运输。有时，有人得意地说，养殖的鱼只吃蔬菜，所以是环保的。通常情况下，这是不正确的，尽管有些养鱼场可能只喂养来自蔬菜的蛋白质。但是，在几乎所有情况下，动物蛋白，特别是鱼肉，仍然是饲料颗粒的主要成分。

无论如何，养殖鱼的饲料很大程度上是不自然的：野生鲑鱼不以猪肉或马肉为食，也不以大麦粉为食。这样的饮食可能不是生产健康鱼类的最佳方式，但对养殖业来说，重要的是鱼能在必要的时间内存活下来，长到足够大，可以被收集并在市场上出售。不自然饮食的另一个后果是，养殖鱼类的质量往往低于野生鱼类。例如，养殖的鲑鱼是灰色的，不像野生鲑鱼是粉红色的。在这里，我们有一个有趣的故事，说明了自然、技术和营销之间存在的关系。野生鲑鱼肉之所以呈粉红色，是因为鲑鱼有吃虾的习惯，虾青素是一种蛋白质，它来自虾吃的藻类，是一种抗氧化剂。虾青素在动物细胞内与其他蛋白质结合时不是粉红色的，因此，虾在本质上不是粉红色的。甲壳类动物在它们的环境中或刚被捕获时，几乎都是灰色或白色的。但是，我们都知道，虾和大多数甲壳类动物煮熟后会变成红色。这是因为虾青素在加热时“变性”，并获得其特有的红色。所有吃虾的动物都倾向于这种红色，不仅是鲑鱼，还有其他鱼类和鸟类，如鲟鱼和火烈鸟。顺便说一句，虾青素也被认为是人类的一种食物补充剂，可以帮助减少由自由基引起的各种疾病，从糖尿病到高血压。不知道虾青素是否也会使人肉在烹饪后变成粉红色，但这只对食人族来说有趣。

养殖的鲑鱼不吃野生虾，因此也不是粉红色的，它们像大多数鱼一样是白色的。但是，神奇的是，你在超市买的养殖鲑鱼总是漂亮的粉红色，实际上是强烈的粉红色，几乎是暗红色。你可以想象，这是因为它是人工上色的。有时也会使用从虾中提取的天然虾青素，但一种叫作角黄素的类似分子更常见。在后一种情况下，着色在欧洲被称为“E-161”。或者你可以使用胡萝卜素（E-160a）或人工染料。Hoffman-La Roche 和其他化学公司为鲑鱼养殖者提供了一种名为“SalmoFan”的颜色选择，允许他们选择自己想要的粉红色的色调。

没有理由对人工色素的习惯感到惊讶：它是我们现在所说的“营销”的一部分，甚至超市里的鸡肉也经常用人工色素处理。养殖的鸡肉通常被消费者认为太白了，他们更喜欢某种黄粉色。关于鲑鱼，据说鱼的红色越深，顾客愿意花更多的钱。我们可以说没有证据表明用于食物染色的染料对人体有害，而且无论如何，食物的味道也不会改变。但事实是，他们向你出售的产品看上去与实际情况不同。

除了人工上色，密集或高度密集养殖池中的鱼存在许多在野外不会出现的问题。首先是嗜食同类[63]，这种情况偶尔也会在野生鱼类中发生，但鱼缸拥挤的环境使问题更加严重。其次，鱼缸里的鱼通常健康状况不佳，它们很容易成为寄生虫和各种病虫害的目标，这些寄生虫和疾病在拥挤的鱼缸里迅速传播。在水产养殖中，抗生素经常被用来对付这些现象。最近发表在《水产养殖评论》[64]上的一项研究报告称：

我们观察到，在 2008 年至 2018 年期间，15 个国家中的 11 个使用了 67 种抗生素化合物。在这些国家中，73% 使用土霉素、磺胺嘧啶和氟苯尼考。平均来看，有 15 个国家使用了抗生素，使用最多的国家包括越南[39]、中国[33]和孟加拉国[21]。关于环境和健康风险，充分的证据表明抗生素的使用与食品安全、职业健康危害和抗生素耐药性直接相关。环境风险包括残留积累、水生生物毒性、微生物群落对抗生素耐药性的选择和多重耐药菌株的出现。

可能与水产养殖有关的一个问题是寄生虫的传播，如各种类型的蠕虫。你可能听说过一种寄生虫名叫线虫（圆柱蠕虫），通常寄生在凤尾鱼、蓝鱼和其他鱼类身上，有时也在寿司中发现[65]。异尖线虫会在人类身上产生一种叫作异尖线虫病的病症。幸运的是，这种病通常不会造成比持续几天的严重胃痛更大的损害，尽管它也可能会在一些人身上产生过敏性休克。此外，还有甲壳类动物，比如意大利角鼻虫，它们通常寄生在鲷鱼和鲈鱼身上。另一种甲壳类寄生虫是寄生在鲑鱼身上的海虱。

看起来这些外部的鱼寄生虫对人类无害，但对鱼来说却不是什么好事（对于那些在购买的鱼中发现它们的人类顾客来说，这也不是一个令人愉快的景象）。众所周知，它们在集约化养殖的养殖池中找到了特别合适的环境。它们经常被控制在养殖池中，使用硫丹等杀虫剂，这种杀虫剂甚至对人类都有极高的毒性。幸运的是，硫丹在欧洲和美国是被禁止的，但从印度和东南亚等国家进口的鱼类中发现了微量硫丹。据说，这些寄生虫在世界各地都在增加，水产养殖业有时被指责为野生鱼类感染的来源。这些说法无法得到证实：虫害和病状数量的增加可能只是因为有了更好的检测方法。也可能它们在野生鱼类中的日益扩散是污染的结果，而不是水产养殖池造成的。然而，这种怀疑也是不容忽视的。

插曲：亚历山德拉·莫顿和鲑鱼的智慧

丹尼尔·保利在他的《消失的鱼》（2019）一书中讲述了他在 20 世纪 90 年代如何拜访加拿大布劳顿群岛回声湾地区的独立生物学家亚历山德拉·莫顿的故事，令人不寒而栗。

> 亚历山德拉立刻用她的小汽艇带着我们在浅水里撒网。我们捕获了大约 100 条小鱼，主要是小鲑鱼。它们身上都带着巨大的海虱，大小相当于人类胸前的餐盘，有些上面有两个附着的虱子，毫无疑问，这些虱子来自回音湾的鲑鱼养殖场（图 6.10）。

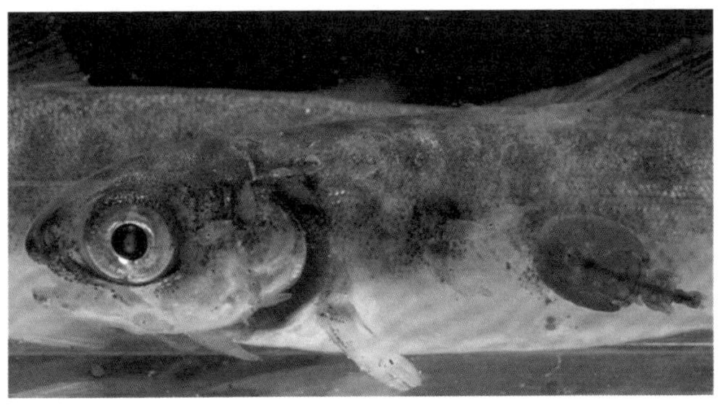

图 6.10　一个被海虱（粘在鱼皮上的扁平甲壳类动物）感染的年轻鲑鱼标本。

后来，当我参观DFO（渔业和海洋部）研究船“Ricker”时，位于纳奈莫的DFO太平洋研究站的研究主任公开声称，亚历山德拉在她的高级职员面前，给小鲑鱼“添加”了个体寄生虫。我知道这是一个可怕的谎言，这仅仅是诋毁亚历山德拉研究成果的开始。

当我听说DFO在布劳顿用R/V桅杆进行巡航发现“没有寄生虫的幼年鲑鱼”时，我就知道如果你不想找到有海虱寄生的年轻鲑鱼，你可以去用不能在浅水区操作的190英尺长的研究船去抽样调查，这是唯一一处可以找到年轻的鲑鱼的区域（图6.11）。

图6.11　海洋生物学家亚历山德拉·莫顿参与保护野生鲑鱼。

亚历山德拉·莫顿是一位非常有魅力的女性。1957年，她出生在康涅狄格州，一个不靠近大海的地方，她原名亚历山德拉·哈伯德。她的父亲是艺术家，母亲是作家。1981 年，她嫁给了加拿大野生动物制片人罗宾·莫顿，罗宾在 1986 年的一次潜水事故中丧生。她花了数年时间在英属哥伦比亚海岸研究虎鲸的行为。她写了至少 4 本关于鲸鱼的书，但随着时间的推移，她的兴趣转向了鲑鱼，这也是因为英属哥伦比亚海岸鲑鱼养殖业的快速发展。

这是她在自己的网站https://www.alexandramorton.ca/meet-alexandra/ 对自己的活动的描述。

近 40 年来，我致力于恢复英属哥伦比亚海岸野生鲑鱼与人类之间的平衡。

1984 年，我跟着鲸鱼来到了加拿大西海岸的一个偏远的海湾，并在那里安家。那里没有道路，没有电，也没有电话，但是野生鲑鱼和野生动物像人类社群一样兴盛。

当鲑鱼养殖场首次出现时，我们被告知它们对我们有好处。然后，有毒藻类大量繁殖，海虱滋生，野生鲑鱼开始大量死亡。

首先，我研究的鲸鱼离开了，然后鲑鱼的数量锐减，我心爱的社区开始消失。如今，村子里只剩下 8 个人，27 个挪威人拥有的鲑鱼饲养场分布在这个地区。

这是她在她网站上描述的鲑鱼养殖如何给野生动物带来的灾难。

> 当我们在海洋里用网圈养着数百万条鲑鱼时，控制疾病的自然法则就被打破了。鲑鱼养殖场导致疾病水平上升，超过了野生鲑鱼赖以生存的水平。只要在海洋中使用养殖围网，这个行业就无法解决这个问题。虽然围网不会含有病毒、细菌或寄生虫。但无论是鲑鱼养殖场引入新的病原体还是放大本地病原体，这对野生鲑鱼和鲱鱼都是危险的。
>
> 鲑鱼天生就会动。病害和弱小的鱼被留在后面，被捕食者吃掉。这可以阻止细菌、病毒和寄生虫的繁殖。捕食者是自然界高效的清理团队。
>
> 一旦受到控制，鲑鱼被迫在笼子里游动，在笼子里疾病很容易在鱼之间传播。在没有捕食者的情况下，每条病鱼的传染性保持的时间要长得多，病鱼不断释放病原体，直到它们消瘦和死亡。科学家认为鲑鱼养殖场是疾病的滋生场所。

这是亚历山德拉·莫顿参与的斗争。她已经这样做了多年，她甚至被英属哥伦比亚海岸的“第一民族”的人们在文化上抛弃，并称她为“瓜乌兹”，她努力保护他们的生活方式免受鲑鱼业过度开发海洋资源的影响。这是一场艰苦的战斗，但是，谁知道呢？她可能会战胜比她强大得多的敌人！

谈到水产养殖中的污染，我们还需要提到网箱和水箱对环境的影响。这些箱在附近的海岸占用的空间不能用于其他活动。在大规模水产养殖的情况下，对空间的需求往往是一个重要的问题。在挪威，这些设备通常位于峡湾，在那里它们会影响洋流和当地的生态系统。在菲律宾，虾养殖业破坏了很大一部分沿海红树林，这些红树林是许多海洋生物的栖息地，也是海啸和飓风引发的海浪的屏障。还有一个问题是，鱼类从鱼缸中逃逸可能会导致非本地物种的传播。

当然，还有污水管理的问题。鱼的粪便含有机物、氮、磷和各种化合物，如果它们以不受控制的方式扩散，可能会导致各种问题，比如设备附近水域的 “富营养化”，藻类和其他生物不受控制的生长，这些生物消耗水中的氧气，使当地鱼类无法生存。为了解决这个问题，养殖者使用了一种叫作 “水培” 的技术，它是水产养殖和水培农业的结合。这个想法是利用养殖池的废水作为农产品的肥料。如果这种方法有效，那么至少部分的 “闭合” 了营养物质和废物的循环，这是一个好主意。但它也需要能量，可能并不像人们说的那样有效。

另一个问题是，大量水产养殖池中的鱼有时被海鸥、鲨鱼等掠食性动物视为捕食目标。这就产生了一系列问题，包括需要安全网，或者更简单地说，需要有人拿着猎枪，杀死在水箱里捕鱼的鸟。这对生物多样性来说是有害的，事实上一些捕食者，如信天翁，面临灭绝的危险。

最后，还有一个重要的问题：动物福利。这是一个超越纯粹利益的伦理问题。在欧洲和美国的一些州，由于道德原因，陆地上的组装养鸡场被法律禁止。考虑到这一点，谈论在“不人道”条件下饲养的鸡是很奇怪的，但这就是重点。如果我们是真正的人，我们就不能想象让其他生物在我们人类无法接受的条件下受苦，即使这会给那些人带来好处。如果这一规定适用于鸡和其他陆地动物，那么它也必须适用于鲑鱼和其他养殖鱼类。把他们像罐头里的沙丁鱼一样装在池中，这种不人道的做法，我们再也无法接受了。我们从最近的纪录片《人工生物》（2019）等视频中看到了感染、生病和死亡的鱼，令人不寒而栗。我们越来越意识到，我们周围的环境是我们生存的基础，如果我们不尊重它，环境肯定不会尊重我们。

那么，水产养殖真的如业界所宣称的那样是一种生态的、可持续的做法吗？还是像一些环保组织所说的那样，通过伤害人类和鱼类而获利的非自然活动？真相并不总是单方面的。如果说水产养殖并不总是像一些人认为的那样糟糕，那么它的支持者往往夸大它的优点也是事实。考虑到所有的利弊，水产养殖可以被视为一项有趣的技术，它有潜力为人类生产高质量的营养物质。但如果管理不善，它也会对人类健康和环境造成巨大损害。在某些情况下，从天真的投资者身上赚钱很可能是一种金融骗局。

最后，水产养殖既不应被妖魔化，也不应被美化。我们不能仅仅指望它解决全球饥饿问题，更不必说让它代表循环经济的顶峰。这是一项存在许多问题的技术，但也能够提供解决方案。我们必须对其进行管理和控制，使其能够发挥作用。但是，像往常一样，当大量资金参与到日益增长的经济活动中时，政府级别的监管机构很难进行干预，来减少损害并提高产品质量。因此，至少在不久的将来，我们很可能会继续看到水产养殖的增长和入侵沿海地区的水箱和设备。公众需要一段时间才能理解正在做的事情，政府也会觉得他们的干预是真正必要的。

6.5 海洋可持续发展：红色药丸还是蓝色药丸？

Fishermen, as a class, have extremely poor observation skills about anything that has to do with fsh that is not necessarily visible in the course of their daily actions.

——Thomas Henry Huxley,

report to the Royal Committee on Fisheries, (1863)[66]

作为一个群体，渔民对于与鱼类有关的任何事情的观察能力都非常差，这些事情在他们的日常行为过程中并不一定可见。

——托马斯·亨利·赫胥黎，《皇家渔业委员会报告》，1863 年。[66]

1949 年，美国博物学家奥尔多·利奥波德写了一本《沙郡年鉴》，这是第一本注意到并讨论保护自然环境必要性的书。除此之外，利奥波德写道：

……我眼睁睁看着一个又一个州消灭了狼群。我看到了许多新的无狼山的面貌，看到朝南的山坡上布满了迷宫般的新鹿道。我见过每一棵可食用的灌木和幼苗都被吃掉，这些树木先是没有一丝生气，然后死亡。我见过每一棵可食用的树，落叶至马鞍的高度。这样的一座山看起来好像有人给了上帝一把新的修枝剪，禁止他做任何其他的行为。

最后，鹿群饥肠辘辘，大量死亡，骨头白化或者在树下腐烂。

这是第一次有人质疑关于捕食者灭绝的自然资源管理实践方案。直到不久前，人们还普遍认为，动物被视为有害于农业或总体上有害于人类利益的“害虫”， 因为它们与猎人争夺猎物或与农场主争夺农产品。当时，消灭这些人类敌人是司空见惯的事，有时地方或国家政府会提供明确的财政支持。因此，在狼居住的地区消灭狼被认为是毋庸置疑的，只要看到它们就杀死它们。不仅狼被认为是有害生物，这个理论也包括杀死所有大型食肉动物，包括熊、野猫、猛禽等。害虫的概念有时也会延伸到人类身上，直到 19 世纪中叶，在北美的一些地区，每杀死一个美洲土著人，都会得到赏金。不幸的是，这肯定不是特例，这种做法在历史上很常见，在一些地方仍在继续。在海洋中，鲸目类动物通常被视为害虫，因为它们与渔民争夺鱼类资源。直到今天，许多渔民看到一只搁浅的海豚时仍然欢欣鼓舞。

这一观点的问题在于，捕食者的消失扰乱了整个生态系统，利奥波德以鹿为例指出了这一点。同样的问题也存在于海洋动物身上: 为捕捉更多鲱鱼而捕杀海豚的想法不仅徒劳，而且适得其反。但猎人和渔民似乎都没有意识到捕食者稳定了营养链，捕食者是人类的朋友而不是竞争对手。在海洋中，还有一个额外的因素，那就是鲸鱼和海豚不仅能调节较低的营养级水平，而且它们还能通过粪便使海洋肥沃。这增加了浮游植物的数量，进而对所有种群都有积极影响。

不幸的是，正如你所想象的，在这个专注于最大化产量和增长的世界中，很难理解这些概念。我们对目前关于如何管理海洋资源的一些想法也存在同样的问题。我们描述的“最大可持续产量（MSY）”的概念不仅因为渔业的抵制而难以应用，而且它本身可能存在缺陷。生物学家常说，在一个生态系统中，“你不能只做一件事”，这意味着你不能认为一个物种是孤立的，当你影响一个种群时，结果是对所有其他种群都有影响，包括所有营养级。但这正是 MSY 概念所做的，它利用一个模型计算允许的鱼类配额，该模型就像被隔绝在海洋中即将被开发的股票。

但是，如果我们用一种更广义的方式，将 MSY 的概念应用于整个生物圈，而不是单个物种，也许 MSY 的概念可以被拯救。通过这种方式，我们将所有的营养相互作用组合在一起，使用基本的物理考虑来计算海洋能给我们什么，我们能从中得到什么。那么，整个海洋的 MSY 是多少？

为了回答这个问题，让我们从定量评估地球上存在和产生的生物量开始。数据可以在艺农、巴昂等人最近的一项工作中找到[67]。在图中，我们展示了各种生物的质量是如何分布的。从这张图中，我们可以计算出地球上的总生物量大约相当于 5500 吉吨的碳（图 6.12）。

到目前为止，植物是地球上最常见的生物，因为它们是“自养生物”，即第一营养级，收集阳光并利用阳光将水和二氧化碳固定，形成构成生物生命基础的分子。之后的营养级由异养生物组成，形式为单细胞生物、细菌及其他生物，它们是最简单和最常见的生物。由于这一级别的生物依靠植

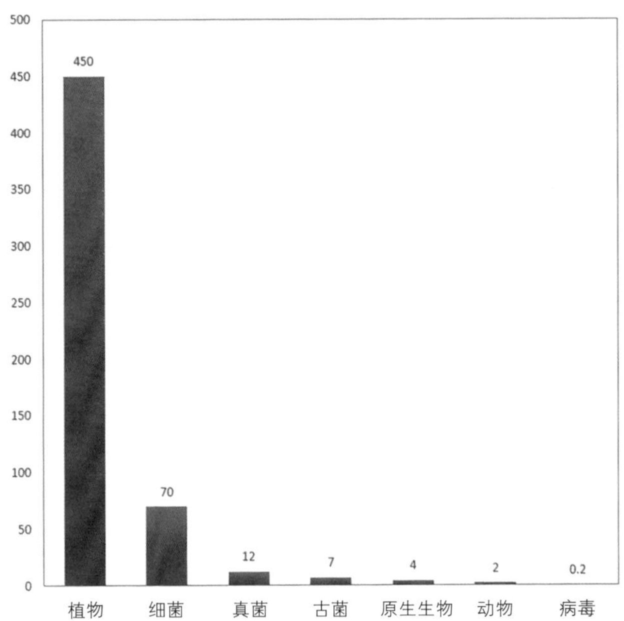

图 6.12 基于生物量的全球生物分布。数据来自巴昂等人，2018。[67]

物获取能量，因此它们的总质量较小是有道理的。以动物形式存在的多细胞生物在营养级水平上有了进一步的提高，它们只占总数的一小部分是合乎逻辑的。

现在让我们从图表中删除植物和单细胞动物，并仅查看动物的分布，数据同样来自这篇文章[67]（图 6.13）。

在这里，我们看到节肢动物是迄今为止陆地和海洋上最大的动物群。请注意鱼类生物量巨大，数量令人难以置信地远远高于陆地上的野生动物。软体动物和各种各样的昆虫紧

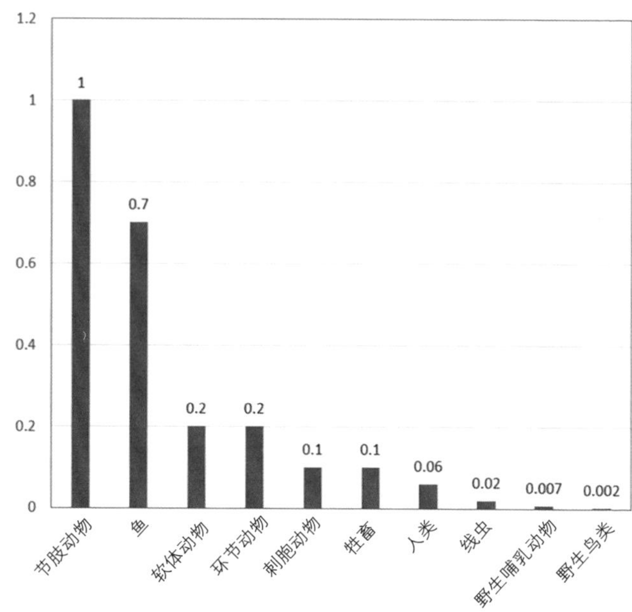

图 6.13　动物生物量的分布。巴昂等人 2018 年的数据。[67]

随其后。还要注意的是，刺胞动物的数量也很多，包括海蜇门。当你看到它们在水池里游泳时，它们看起来很轻，甚至是空灵的生物。然而，海洋中有如此多的刺胞动物，它们的总生物量几乎是人类的两倍。就其总生物量而言，牲畜也是一个令人印象深刻的类别。在哺乳动物中，人类是一种异常现象，其总数量远远高于陆地上所有野生动物、哺乳动物和鸟类的总和，这些生物数量已经减少，仅占总量的一小部分。难怪今天几乎没有人靠打猎为生。

但这些数据并没有告诉我们太多陆地和海洋之间生物的分布情况。为此，我们需要另一组数据，同样来自巴昂等人的文章（图 6.14）。

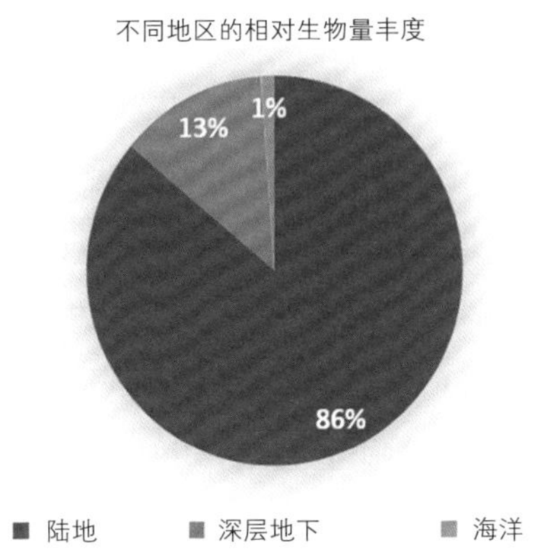

图 6.14　巴昂等人 2018 年给出的海洋、陆地和地下系统的生物量分布。[67]

我们发现陆地生物量是目前为止最丰富的，其次是我们通常看不到的地球的“深部区域”，主要由细菌和古菌的单细胞生物组成。令人惊讶的是，海洋生物量仅占陆地生物量的 1% 左右。也有其它数据给出的海洋生物量的比例稍大，但不超过 2%，不平衡仍然存在。因此，如果地球上的总生物量相当于 550 吉吨的碳，那么海洋中的生物量为 5 ~ 10 吉吨[68]。

为什么大海几乎是空的？主要原因与植物的结构有关。在陆地上，植物是由根、干、枝、叶等组成的复杂机器。它们的大部分物质在生物学上是不活跃的，主要是代谢死亡的木材。但是木材有着各种必要的用途：它管理着从土壤到叶子中活跃细胞的养分流动，并为植物提供支撑和机械阻力。

相反，在海洋中，光合植物大多是单细胞生物，它们是所谓的绿藻或蓝藻。这些小细胞不需要刚性结构；它们直接从水中获得所需的营养，并进行光合作用。所以，它们的总生物量不如陆地上的植物多。

因此，海洋植物每单位生物量的代谢速率要比陆地植物大得多，这仅仅是因为海洋植物不必承受树干和根系的巨大负担，实验测量证实了这种情况。“净初级生产力（NPP）”测量光合作用固定的碳量，通过减去植物呼吸损失的二氧化碳量进行校正。它以每年千兆吨碳为单位。对这个参数有各种各样的估计，但是，一般来说，数据表明陆地和海洋生产力的 NPP 大致相同，两者的碳排放量都在每年 50 吉吨左右[69–71]。这是一个令人惊讶的结果。陆地和海洋中光合作用的分子机制是相同的，但海洋覆盖了地球更大的面积，约占总面积的 70%。那么，为什么海洋生产力不比陆地生产力大呢？同样，这是有原因的，它与限制陆地和海洋生物量的营养物质的可得性有关。

要理解这一点，我们可以从整个生态系统利用太阳光作为能源来创造生物这一事实出发。但是，要创造任何东西，你都需要材料，在生物学中，它们被称为“营养元素”。生命使用的 4 种主要营养元素是碳、氢、氮和氧。然后，还有“大量元素”：钙、钠、氯、硫、磷、钾、镁等。最后，某些特定的代谢机制还需要更多的元素。生命只有在能找到营养的地方才能存在。不仅如此，生命需要能够以非常有效的方式回收这些元素，否则它要么耗尽营养，要么在自己的排泄物中窒息，要么两者同时发生。

让我们从 4 种基本元素的可用性开始：碳、氮、氧和氢。氧和氮以分子形式存在于大气中。碳和氢也以二氧化碳和水的形式存在。在陆地上，陆地植物的叶子直接从大气中吸收二氧化碳。陆地植物也可以用叶子吸收水分，但通常更喜欢由根部吸收液态水。陆地上的生物依靠雨水获取水分，在某些情况下，复杂的水蒸气输送机制将水从海洋输送到大陆内部。这主要是森林产生的“生物泵”效应[72]。

在海洋中，4 个基本要素的情况相似。当然，海洋植物在供水方面没有问题，而其他主要营养物质，氮气、氧气和二氧化碳，以溶解在海水中的气体的形式存在。但是，海洋中这些营养物质的供应不如陆地上丰富，因为它们在海水中的浓度低于大气中的浓度，并且随着深度的增加而下降。伴随着水对阳光的吸收，营养物质也逐渐减少，其结果是通常只有在离水面不超过几十米的水层内，才会出现光合生物。这一区域被称为“透光层”或“真光层”。在真光层之下，海洋是黑暗的，含氧量非常少，这种情况被称为“缺氧”。当然，光合生物不能在黑暗中生存，但一些鱼类可以通过降低代谢率在氧气很少或没有氧气的情况下在深海生存，其他生物则定期进行垂直迁移以便呼吸。海洋哺乳动物也会这样做，周期性地到达水面，为其代谢系统补充氧气。

总的来说，这 4 种基本元素不断的从生物圈交换到大气，然后再交换回来。通常情况下，生活在陆地或海洋中的生物不存在稀缺或再循环的问题。当我们观察磷、硫、钙及其他大量元素时，情况要复杂得多。这些元素通常不具有气体形式。它们仅以溶解在水中的可利用离子的形式存在。这对于陆上植物来说是一个严重的问题。雨水基本上是蒸馏水，它不含大量的矿物质，那么这些营养物质从哪里来呢？陆地生物圈通过使用各种战略解决了这一问题，主要的一种是腐殖质，这是植物根系生长的肥沃土壤的名称。这是一个真正的生物化学实验室，不断收集和回收死去的动物和植物，使它们所含的矿物质可用于植物的根部。

但是，无论腐殖质的效率有多高，它都无法以 100% 的效率回收矿物质。一小部分必然会被雨水冲走，并被河流径流带入海洋。补充这些营养物质的主要来源是河流从山脉的侵蚀中收集的营养物质的周期性流出。你还记得埃及是如何被称为"尼罗河的礼物"的吗？这是因为周期性的尼罗河洪水补充了农业从土地上带走的养分。火山也能以风携带的小颗粒的形式传播营养物质，熔岩流冷却到室温后，其肥沃程度是出了名的。风还可以从沙漠中收集小沙粒，并将它们带到很远的地方。亚马逊河流域的森林似乎不断的以来自撒哈拉沙漠的灰尘的形式获得所需矿物质的补给[73]。植物的另一种可能性是从动物粪便或动物尸体中获取矿物质。由于动物是可移动的，它们可能在某处进食，在某处排泄或死亡，通过这种方式将矿物质从一个地方运送到另一个地方。目前，人类已经开始用天然肥料和人工肥料来补充他们种植植物的养分。

在海上，情况就不同了。在陆地上，矿物集中在岩石中，限制机制是将它们转化为离子的过程，这些离子可以溶解在水中，然后被生命吸收，这是一个耗能巨大的过程。在海洋中，矿物质已经溶解在水中，但往往均匀地分散在体积巨大的海水中。如果海洋是静止的，矿物质营养的浓度将是均匀的，不足以维持生命所需。但事实并非如此，海洋中存在着营养丰富的区域，它们支持着丰富的生命。这些区域主要是河流径流将矿物带入海洋的结果。不太重要但不可忽视的营养来源是火山。热液喷口是海底的裂缝释放出富含从下面岩石中浸出的矿物质的热水，它们也是海洋生物矿物质的重要来源。风携带的灰尘也能使海洋肥沃，就像在陆地上一样，动物的排泄物是植物矿物质营养的重要来源。尤其是鲸鱼的排泄物是海洋肥沃的一个重要因素——至少在过去两个世纪大规模灭绝之前是如此[74]。

如果不添加某种矿物质，这些营养盐本身不足以支持丰富的海洋生物。问题是，如前所述，海洋中的生命往往集中在水面以下几十米的真光层。但没有一种机制可以在该地区富集矿物质，也没有一种类似于陆地腐殖质层的机制可以从死去的生物中回收和重新分配矿物质。

当海洋动物死亡时，因为生物组织密度比水大，它所含的矿物质会随着尸体而下沉。你有没有注意到当你在游泳池里仰面漂浮时会发生什么？让你漂浮的是你肺部的空气，而你的腿和手臂往往会下沉。水生动物和人类之所以能保持漂浮，仅仅是因为它们一直在游泳，或者因为它们在身体的某些部位持有空气。鱼有鱼鳔，而哺乳动物可以使用它们的肺。相反，死去的生物不呼吸，更不用说会游泳了，因此容易下沉。但是，在分解过程中，气体可能积聚在尸体内部，并产生足够的浮力使其漂浮，或者在某些情况下，导致尸体沉入海底后重新浮出水面。有一个传说，如果你是一个职业杀手，你应该在送受害者被鱼吃掉之前，用刀割开他的内脏。这样，气体就不会积聚在尸体的腹部，也不会浮出水面来暴露罪行。本书作者没有雇佣刺客的经验，他们只是报道了这个传说。但从生物物理学的角度来看，这是完全有道理的。

无论任何情况，死去的海洋动物的命运总是一样的。它们可能会漂浮一段时间，但最终会沉入海底。在那里，尸体将被各种专门在深海作业的清道夫逐渐分解。但是，如果营养物质留在深海，它们就不能再用于真光层。幸运的是，水流至少可以从海底补充部分营养盐。这是一个复杂的过程，要理解它，我们需要探查海底（图 6.15）。

离海岸最近的区域被称为大陆架，从地质学上讲，它是所属大陆的一部分，唯一的区别是它在水下。它的深度随着距离海岸的距离而缓慢增加，直到我们到达形成大陆板块边界的大陆斜坡。在大陆斜坡的底部，有大陆隆起，一个由从斜坡上落下的堆积沉积物组成的水下小山。在更远的地方，海底通常被称为“深海平原”，其起始深度约为 3000 至 6000 米。

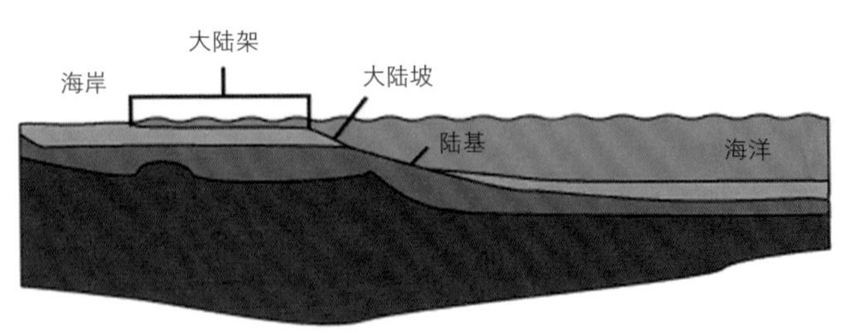

图 6.15　海底区域。深度是沉积营养盐回补的基本参数。

在大陆架上，洋流和风在较低的深度搅动海水，使底层的营养物质能够正常地返回到表层。对于沉没在深海平原上的营养物质来说，这种情况不可能发生。但是，即使在这种情况下，营养物质也可以通过一种称为“上升流”的现象得到回补，即当深海洋流与大陆边缘相遇时会上升。我们在这本书中已经提到，这种现象如何在秘鲁渔场发挥根本作用，其产量很大程度受到厄尔尼诺和拉尼娜现象的影响。两者都是季节性气象条件，它们不能影响深海洋流。但它们确实会影响海洋的最表层，并阻止营养物质到达表层。

最后，由于洋流上升或河流径流，只有在海岸附近的海水中才能获得高浓度的营养物质。远离海岸，矿物质的浓度变得越来越低，因此，公海的生物量贫乏。它们通常被定义为“海洋沙漠”，尽管它们并非完全没有生命。现在我们可以理解为什么海洋的生产力并不高于陆地的生产力。这是因为大部分海洋都是沙漠。

在这一点上，我们可以从人类对这些问题的兴趣出发来研究这些结果：就人类的食物而言，我们可以从海洋以及陆地得到什么？净初级生产力 NPP 是本次评估的关键参数。它测量了一个生态系统生物量更新的速度。总体而言，克劳斯曼和合著者[75]估计，总 NPP 的人力占用（HANPP）约占总产量的 25%。但是，同样的，比较海洋和陆地的数据，会产生令人惊讶的结果。根据联合国粮食与农业组织（FAO）的数据，人类食物中 99.7% 以上的卡路里来自陆地环境，来自海洋和其他水生生态系统的热量不足 0.3%。根据 FAO 的数据可知，世界粮食产量在 2017 年左右已经达到了 22 亿吨。鱼类产量（包括甲壳动物、软体动物和其他水生动物）仅为每年 8000 万吨。但如果我们考虑到未报告和非法捕捞的产量，其产量肯定会更大。因此，谷物的产量大约是鱼类产量的 30 倍。最后，我们可以计算出，人类对海洋资源的占有量约为海洋净生产力的 0.1%，甚至可能更少。与陆地 25% 的比值相比，价值非常小。

那么，这么小的占有率怎么会让人类耗用这么多的鱼类资源呢？这个“空海”的故事不夸张吗？唉，不是。海洋的高 NPP 都是浮游植物极高代谢率的结果。但人类不捕捞浮游植物，他们捕捞较高营养级的生物，如甲壳动物和鱼类。在这里，我们面临一种被称为“反向营养链”的现象。在陆地上，植物生物量大约是动物生物量的 1000 倍，这是营养链正常运作的一部分。在海洋中，情况正好相反：动物的生物量几乎是植物（浮游植物）生物量的 30 倍，这也是因为海洋自养生物的代谢率极高，使动物能够积累生物量。因此，就总生物量而言，人类正在开发一种丰富的资源；这就是为什么捕鱼对渔民来说可能是一项非常有益的活动，有时甚至近乎奇迹。但这一巨大的丰度最终证明是虚幻的，由于鱼类繁殖缓慢，因此人类很容易耗尽鱼类资源。正如保利和克里斯滕森在 1995 年[76]所报告的那样，据估计，渔业的占有率约为 8%，在某些情况下甚至更高。如今，占有率肯定更高，难怪如此多的鱼类资源被耗尽和破坏。

这一评估证实了本书的基本论点：我们从海洋中捕捞的鱼类数量超过了海洋生态系统的生产力所能生产的数量。这是值得注意的，因为人类不是水猿，他们在海洋中的存在比在陆地上更为有限。世界上注册船舶不超过 25 万艘，即使考虑到未注册的船舶，在任何时候，海上人数也不可能超过200万—300万。这一小部分人已经足够清空海洋中的大部分从鲸鱼到金枪鱼和鲑鱼的大型生物。但这并不令人惊讶，在过去数万年中，可能同样少数的人类足以消灭大部分陆地巨型动物群。人类捕猎，无论是针对鲸鱼还是猛犸，都是非常有效的，具有极大的破坏性。

也许，管理渔业的人从未计算过浮游植物的代谢率，我们可能认为他们甚至不知道NPP是什么。但他们明白，从鲑鱼到金枪鱼等传统的高价值鱼类的产量正在下降。因此，他们捕捞越来越低营养级的生物，即人类通常不喜欢吃但可用于水产养殖饲料的较小鱼类。这是一个可行的策略，至少在一段时间内是可行的：低营养级的生物量比高营养级更丰富，逐底竞争的目标变为了无脊椎动物、螃蟹、龙虾等。

但即使是生物量大的小型鱼类也在迅速枯竭，如果我们继续朝这个方向发展，我们可以直接瞄准浮游植物？这是“蓝色增长”理念的一部分，人们相信它将开发出巨大的生物量资源。毕竟，如果鲸鱼可以主要依靠浮游植物生存，为什么我们人类不能这样做呢？

理论上可以这么做，前景看起来很光明。这并不是因为浮游生物的生物量如此之大，而是正如我们所看到的那样，海洋浮游植物的初级产量是巨大的，能够迅速回补渔民或其他捕食者移走的数量。当然，尽管人们大肆宣传蓝色增长，但浮游生物主要被视作水产养殖的饲料，并没有人愿意吃它。但即使这样，未来也可能发生变化，饥饿使人们愿意吃任何东西。你还记得查尔顿·赫斯顿出演的电影《2022：幸存者》（1973）中的“绿色食品”吗？它应该是用人肉制品供人食用的。当然，这是科幻小说，但如今人们对食物的看法迅速变化，我们已经提到了该行业是如何致力于开发菜谱，使浮游生物适合人类食用的。如果我们能说服人们吃浮游生物，可能是油炸的、捣碎的、烤的，或者其他，理论上，我们就有可能找到一种新的食物来源来满足不断增长的人口的需求。

美好的理论往往在与丑陋的现实发生冲突时崩溃。当人们开始开发自然资源时，自然资源似乎总是很丰富的，但事实证明并非如此。过度开发总是潜伏在幕后：任何东西都可能被过度开发，从古至今，一直如此。捕捞浮游植物是一个特别危险的想法：它涉及开发相对少量的资源。它之所以看起来如此丰富，是因为它的繁殖速度极快，但在任何时刻都不会超过几十亿吨，而预计的人类消耗量就是这个数量级。和渔民一样犯下过度开发资源这个错误的后果，就是生物量的崩溃。如果最低营养级的库存崩溃，一切都会崩溃。但是，破坏浮游植物种群意味着破坏整个海洋生态系统，这是一个很好的例子，如果有的话，就是所谓的“焦土”军事战略。人类已经在短短几个世纪的艰苦战斗中赢得了与鲸鱼的战争。如果人类发动一场针对浮游生物的战争，需要多长时间才能消灭这个新的敌人？也许只需几十年？

这种可怕的情景是一种与古代狩猎和采集模式相同的结果。猎人们发现了什么就抓住什么。渔民也是这样做的，正如我们在本书前面几章中已经看到的那样，这一战略几乎促成了过度开发和资源破坏，无论是哪种类型的资源。在资源被破坏之前，难道我们不能改用原则上能够与资源承载力保持更好平衡的海洋战略吗？

更好地控制海洋开发的一个步骤将是从狩猎和采集转变为畜牧业。这意味着渔民在捕鱼之前就成了鱼的主人，因为允许他们捕捞的鱼群被限制在封闭空间或特定区域。我们已经看到了现代水产养殖业是如何做到这一点的，在封闭的水箱或封闭的水体中养鱼。但是，就目前情况而言，水产养殖与畜牧业是一个差强人意的等价物。问题是，大多数鱼类都是食肉动物，而那些在陆地上作为牲畜饲养的动物通常是草食动物。因此，养殖的鱼类主要以野生鱼类为食，其结果是水产养殖成为推动渔业过度开发海洋资源的又一个因素。未来可能会创造出以草为食的鱼类品种，但这只会将水产养殖变成陆上农业的附属品，几乎不会改变海洋资源管理的问题。

还有另一种可能性：像管理农业一样管理海洋。也就是说，控制资源增长的几乎所有阶段。在某种程度上，这已经在水产养殖中实现了，在水产养殖中，当幼鱼被引入池中时，“播种”一词被用来比喻养殖实践。在更大的范围内，是苏联时期里海鱼子酱生产的管理方式，当时政府资助了繁殖设施，将幼小的鲟鱼放归大海。这是一个昂贵的过程，对于鱼子酱这样的高价值产品以及水产养殖业的大多数产品来说都是可能的。这是否能在更大范围内实现仍有争议。

那么，为什么不给海洋施肥呢？在农业中，矿物肥料是常用的，海洋中也可以使用矿物肥料，特别是在矿物离子浓度不足的地区。但必须小心谨慎，过量的肥料会导致大片海域的富营养化，造成缺氧和动物死亡。这是一种典型的浅海现象。例如，亚得里亚海在 20 世纪 70 年代受到含磷洗涤剂排放的影响。你可以说它正在被施肥，但从矿物流入中受益最多的生物是藻类。结果就是所谓的富营养化现象，伴随着氧气的消耗，几乎杀死了所有的鱼，并将大部分亚得里亚海变成了臭水坑。

但海洋的施肥可能有大规模应用的前景。早在 20 世纪 90 年代，人们就注意到，在地质时期，大气中的二氧化碳浓度与大陆上存在的沙漠区域之间存在着反比关系[76]。这似乎是因果关系的惊人串联。当陆地上有大片沙漠时，风蚀会产生沉积在海洋上的灰尘，使浮游生物肥沃，从而降低二氧化碳浓度，进而导致气温降低、干旱和大气中的灰尘增多，甚至形成冰河时代。这是陆地生态系统难以置信的复杂性的一部分。

一旦发现了利用沙漠中的灰尘给海洋施肥的机制，就有了这样一种想法，即可以通过在海洋中营养贫乏的地区撒肥料（主要是硫酸铁）来人工复刻[77]。最初的想法与其说是为了帮助鱼类种群再生或扩大规模，不如说是为了促进浮游植物的生长，从而吸收空气中的二氧化碳，对抗化石燃料燃烧的影响，缓解全球变暖。据报道，其中一位支持者约翰·马丁曾说过，“给我半辆装满硫酸铁的油轮，我会带你到下一个冰河世纪”[78]。从那时起，这一想法就成了一些实际实验的主题，并作为一种不计后果的“地球工程”形式出现在媒体上，旨在与行星生态系统玩危险的游戏。

马丁在评估他的想法的后果时可能有些乐观。施肥对抗全球变暖的前景仍在评估和讨论中，哈里森[79]的一篇论文估计，海洋的大量营养施肥最多可以减少目前人类碳年排放量的 10% ~ 20%。这在对抗全球变暖的努力中只会产生微不足道的影响。除了气候影响外，迄今为止进行的小规模实验表明，矿物施肥确实会导致海洋中的浮游植物大量繁殖。这可能是一种修复因过度捕捞而严重枯竭的鱼类资源的方法，尽管这一可能性仍有很大的探索余地。

为海洋施肥仍然是一个根深蒂固的理念，即管理地球资源意味着最大限度地提高人类消费的产量。这应该是可行的，不会破坏一切，尽管这一点经常被遗忘。然而，从迄今为止报告的数据来看，从理论上讲，我们可以将海洋资源的开发推向比目前更高的水平。毕竟，这是“蓝色加速”概念背后的基本理念，这是“蓝色经济”理念最乐观的版本。但事实上，某些事情理论上是可能的，但实际上不可取。

俄罗斯研究人员戈尔什科夫和马卡里耶娃在对生物圈的研究[80]中提出了一个非常普遍的观点，强调系统的复杂性不是随机的，而是一个重要特征，它使生物圈能够比人类创造的系统更好地适应变化，并且创伤更小。根据他们的说法，如果我们不想破坏整个生态系统的稳定，人类对生物圈净产量的占有率不应超过 1%，但我们在陆地和海洋上都远远超过了这一比例。到目前为止，我们还没有看到巨大的灾难，仅仅因为生态系统的崩溃需要时间，但风险在于，它最终会崩溃。

也许我们仍然处于一种可以选择的状态：红色药丸还是

蓝色药丸。1999 年第一部《黑客帝国》电影对这一选择的标志性描述中指出，红色药丸意味着令人不快的真相，而蓝色药丸代表着保持无知。就海洋而言，选择无知意味着继续只受经济便利的引导。它意味着，当它在那里的时候抓住那里的东西。这意味着继续从一个营养级下降到另一个营养级，直到到达底部，以这种方式，破坏了维系整个海洋生态系统的营养级。如果我们愿意，我们可以把蔚蓝富饶的大海变成一个臭烘烘的棕色水坑。这就是我们想要做的吗？也许不是，但这正是无知的药丸带给我们的。

相反，另一种药丸意味着知识。这意味着评估海洋及其生物的本质，而不仅仅是作为人类成长的资源。这意味着让海洋保持和平，让它们从过去几个世纪人类对它们造成的破坏中恢复过来。这意味着看到海洋恢复到它们曾经拥有的丰富生命力。可能吗？人类似乎不太可能放弃无知药丸而选择知识药丸。但目前还没有决定。未来将是我们想要的样子。

第七章　结论：来到鹿野苑的恐惧

Chapter

07.

Conclusion:

The

Horror

That Came to

Sarnath

霍华德·菲利普斯·洛夫克拉夫特（1890—1937）是现代文学恐怖流派的创始人之一。他的短篇小说《来到鹿野苑的厄运》（1920）是一部杰作，讲述了一座雄伟的城市鹿野苑是如何在一座早期城市的居民被屠杀后建立起来的，他们的尸体被扔进湖中并被遗忘。但并非完全如此：鹿野苑的居民知道有一天他们将不得不面对他们所做的一切。一千年后，恐惧从黑暗的湖水中降临到鹿野苑（图 7.1）。

图 7.1　佛罗伦萨大学自然史博物馆的鲸鱼馆。主要展品是一具鲸鱼的骨骼化石，它生活在 300 万年前的浅水区，覆盖了现在的托斯卡纳地区。活着的鲸鱼仍然存在于海洋中，但如果它们以目前的速度继续灭绝，那么我们也许只能从它们的骨骼化石中知道它们。

鹿野苑的故事可以被看作是我们称之为智人物种扩张的隐喻。毫无疑问，这是一个巨大的成功：据我们所知，在我们之前，没有任何活着的物种能够在地球生态系统中取得如此全面和普遍的优势。但我们的成功是建立在真正消灭我们之前生活在这个星球上的人的基础上的。现在，我们可以在博物馆里看到这些生物的骨骼，以此来提醒我们所做的一切。他们的鬼魂会像洛夫克拉夫特的故事那样回来缠着我们吗？

你们肯定听说过“第 6 次灭绝”。物种在很长一段时间内灭绝是正常的，通常是几百万年。但在大灭绝期间，物种以加速的速度灭绝。过去曾发生过 5 次大规模物种灭绝，其中大部分是由于重大地质剧变造成的，幸运的是，今天还没有发生。第六次灭绝主要是因为人类活动。早在旧石器时代，大约 10 万年前，我们的祖先就开始灭绝我们称之为“巨型动物群”的大型生物：猛犸象、毛犀牛、剑齿虎等[81]。其中一些动物在 12 000 年前的最后一个冰河时代结束时已经灭绝；其他物种在随后的温暖期消失。并非所有人都同意人类是这些物种灭绝的唯一原因，但人类的作用似乎很重要。很可能是我们的祖先灭绝了他们的尼安德特人近亲，尽管他们与智人非常相似，这两个物种可以杂交并产生杂种。灭绝并没有停止，物种灭绝的速度越来越快。

正在进行的灭绝并不一定意味着生物圈总生物量的损失。相反，地球可能正在变得更绿[82,83]。当然，在人类的干扰中也有积极的因素，例如，更多的二氧化碳可用于光合作用，北部地区温度的升高有利于植物更快的生长，冰川的逐渐消失，使大片地区成为植物生长的乐土。也有人试图在沙漠地区重新造林，例如，中国政府正试图在中国北部边境修建“绿色长城”。其他数据表明地球正在“褐化”[84]，这意味着它正在失去植被覆盖。这意味着人类活动的绿化效应不足以补偿人类活动造成的森林砍伐、土壤侵蚀和土壤的不可渗透性的负面影响。

问题不在于地球是否变得更绿了，而是我们正在失去生物多样性，不同物种的数量造成了我们生活的生态系统的复杂性。野生动物的数量在不断减少，被人类和养殖动物的增长所压垮。今天，牲畜的生物量是人类的 3 倍，是野生脊椎动物的 60 倍。如果这一趋势继续下去，不需要很多年，大多数野生脊椎动物就会完全消失，不再有狮子、老虎、大象、犀牛和其他许多动物。唯一幸存的比人类大的陆地动物可能是家养牛[85]。与此同时，天然林可能消失，取而代之的是人工林。我们希望这一切不会发生，但事实并非如此。

海上的情况没有什么不同，尽管可能不像陆地上那么糟糕。记录在案的几乎已灭绝的脊椎动物都是哺乳动物和鸟类，还有一些爬行动物和两栖动物。至于海洋脊椎动物，一些半水生动物，海豹和企鹅，据报道已经消失，可能是因为它们在陆地上很容易被人类捕获。到目前为止，完全消失的水生物种很少，主要是生活在特殊栖息地的物种。但这并不意味着人类对海洋生态系统的影响很小。一个物种的生存只意味着一些个体在某个地方仍然活着，而不是说他们能生存很长时间。如果我们考虑人类所造成的间接威胁：化学污染、食物链的干扰、酸化、声波污染等等，这种情况确实存在。因此，海洋动物和陆地动物一样处于危险之中。也许有些海洋物种会在养鱼场生存，但水产养殖所能养殖的物种种类远远少于健康生态系统中的物种种类。

在实践中，海洋可能会重复我们在陆地上看到的情况，野生动物逐渐消失，取而代之的是家畜。可能最大的海洋动物是那些在海洋主题公园里很受欢迎的动物，例如逆戟鲸，我们称之为“杀人鲸”（也许它们用它们的语言称我们为“杀人猿”）。也许，现存最大的鱼可能是鲟鱼，养殖用来生产鱼子酱。剩下的野生鱼类可能会消失，只有水母和龙虾仍然是顶端食肉动物。这个故事的结局就像马克·库兰斯基的《没有鱼的世界：孩子们如何拯救海洋》（2014）的最后一集，一个小女孩问：“妈妈，鱼是什么？”

同样，我们希望这样的灾难永远不会发生，但只要我们遵循当前的经济增长和利润最大化模式，结果只能是以牺牲非人类为代价实现人口数量的最大化。这是艾萨克·阿西莫夫在1970年写的一个美丽而悲伤的故事的主题，故事的标题是《公元2430年》。这个标题指的是一个小动物园里最后一个非人类脊椎动物被杀死的那一年，地球达到了某种“完美”，有15万亿居民，以及“绝妙统一的虚无”。深切希望这永远不会发生，但阿西莫夫的故事提醒我们，我们的行为就像我们想让它发生一样。

显然，我们需要新的经济管理方式，有人说我们应该摆脱资本主义，资本主义被认为是隐藏在一切正在发生的事情之外的真正邪恶。但基本的错误可能恰恰在于“自然资源”的概念本身。这意味着认为我们周围的一切都是为了我们的利益而存在的，我们可以像在超市一样利用它。你可以拿任何你想要的东西，付钱，然后带回家。只要整个世界都被视为一种资源，那么它的命运就是被开发，通常是被过度开发。

我们能改变这种看待世界的方式吗？至少可以说不容

易。最近，动物权利受到了广泛关注，许多人都选择素食或纯素饮食，以避免对其他能够感受痛苦的生物施以任何残忍。有时，素食主义者，尤其是严格素食主义者会受到嘲笑。但这些想法也确实产生了一定的影响，例如，瑞士等一些国家禁止通过将龙虾扔进沸水中杀死的残忍做法，这曾是世界各地的传统做法。另一方面，我们还看到人类对那些只是正常生活，什么都没做的动物变得具有攻击性。最近的一个案例是 2014 年在意大利特伦蒂诺地区暗杀了一只昵称为达尼扎的雌性野生熊，它试图保护幼崽时，导致游客受轻伤，因此被认为是危险的[86]。

一种新的观察世界的方式可能意味着建立“避难所”，野生动物可以在这里避难和繁殖。现在，这个概念是不可想象的，因为它不会产生利润，至少不会直接产生利润。但在过去，也许在更开明的时代，“国家公园”的概念产生了许多这样的庇护所，特别是在美国。如今，随着西伯利亚东北部的“更新世公园”和荷兰的奥斯特瓦德斯帕森等倡议，这一想法似乎正在流行。人们明确地认为，这些公园再现了更新世时期欧亚大陆的生活条件，当时大量的哺乳动物在陆地上游荡，只是受到人类捕猎的轻微干扰。同样在海上，有趣的再野化实验也在进行中，例如地中海海洋哺乳动物的佩拉戈斯保护区，该保护区位于意大利、法国和撒丁岛之间的地中海西北部，面积约 9 万平方千米。

如果这些保护区要致力于保护和增强生物多样性，它们必须非常大，而不仅仅是主题公园。爱德华·威尔逊在 2016 年出版的《半个地球》一书中提出，地球表面 50% 的区域应该摆脱人类的剥削。这是一个仍处于早期发展阶段的想法：我们需要了解很多东西，才能大规模应用它。但是，即使我们得出结论认为再野化是一个好方法，但鉴于目前公认的以不惜一切代价的经济增长为基础的模式，它的应用在现阶段几乎是不可能的。

这本书既不是一本哲学书，也不是一本涉及宗教主题的书，但我们可能需要对生物圈采取完全不同的哲学和宗教态度。除非我们摆脱一切都是资源的观点，无论是鱼、鲸鱼、动物还是我们的人类兄弟，否则我们永远无法避免过度开发带给我们的灾难，因为过度开发必然会在未来给人类带来灾难。只有这样，我们才能避免重蹈鹿野苑居民的覆辙。

扩展阅读

目前市面上有大量关于捕鱼和海洋状况的书籍可供阅读。你或许想了解关于这方面的首批书籍之一——《我们周围的海洋》（*The Sea Around Us*），这本书出版于1950年，作者是蕾切尔·卡森，而她更知名的作品是《寂静的春天》（*Silent Spring*, 1962），该书记录了农药造成的危害。卡森早期关于海洋的书籍之所以引人注目，是因为它对海洋生态系统深刻的洞察力，而当时我们对于海洋所知甚少——想想当时板块构造的机制都是未知的。关于现代的海洋书籍，由丹尼尔·保利撰写的书籍都很好、很有趣。在这里我特别推荐《消失的鱼》（*Vanishing Fish*, 2019）、《基线转移》（*Shifting Baselines*, 2011）和《完美海洋》（*In a Perfect Ocean*, 2003）。关于海洋哺乳动物的毁灭，法利·莫厄特（Farley Mowat）的书也很有趣，特别是《屠杀之海》（*Sea of Slaughter*, 1984）。英国人库珀·布希（British Cooper Busch）在1985年写的《反对海豹的战争》（*the War Against the Seals*）也是一本类似的关于海洋环境被破坏的书。迈克尔·哈里斯（Michael Harris）在1999年出版的《海洋的挽歌》（*Lament for an Ocean*）一书中详细讲述了大西洋鳕鱼渔业遭到破坏的故事。当然，目前也有一些持稍微乐观态度的书，如雷和乌尔丽克·希尔本最近出版的一本书，《海洋复苏：全球渔业可持续发展的未来？》（*Ocean Recovery: A Sustainable Future for Global Fisheries*?, 2019）。关于公海无法律管辖的问题，你可以看看伊恩·乌尔比纳（Ian Urbina）的优秀著作《非法的海洋》（*The Outlaw Ocean*, 2019）。卡勒姆·罗伯茨（Callum Roberts）在《生命的海洋》（*The Ocean of Life*, 2012）一书中也试图全面探究人类与海洋的关系。最后要介绍的是，马克·科尔兰斯基（Mark Kurlansky）的《没有鱼的世界》（*World Without Fish*, 2011），这是一本美丽而又悲伤的书，书中的插图和人物故事都非常引人注目。

《白鲸记：捕捞游戏》

讲述资源开发基础知识的操作类游戏

半个多世纪以来，生物物理学观点的主要内容已经为人所知，但到目前为止，它们还没有对关于生态系统管理的辩驳产生实际的影响。问题似乎在于该理论的一些结果有违直觉，这些结果与当前世界观中最受珍视的观念背道而驰，包括资源枯竭不是问题，经济增长总是好的，技术总是可以解决所有问题。这个问题在20世纪70年代就已被发现，但1972年的研究《增长的极限》（*The Limits to Growth*）及其结果[50]受到普遍的排斥。从更大意义上讲，这是个意料之中的结果。新思想在所有社会中的传播都是缓慢的，人们宁愿保持他们以前习惯的思维方式，而不是尝试新的、未知的思维方式。

对于那些没有接受过建模训练的人来说，他们对过度开发等问题相关的抽象概念似乎仍然难以理解。因此，传播这些观念的有效方式可能是需要找到方法来为有兴趣学习的人提供实践经验。

当然，我们不能拿洛特卡 - 沃尔泰拉（Lotka-Volterra）模型的主角——真正的狐狸和兔子来实践，但我们可以把这些模型变成“操作类游戏”，使它们更接近人类的现实生活。这种方法逐渐得到认可，通过这种方式我们可以让模型对现实世界产生影响。操作类游戏具有一定的娱乐元素，但却是基于物理原理和描述现实世界的模型。这些游戏让玩家能够体验到在现实世界中很少有机会看到的情况，在不造成经济或物理伤害的情况下做出决定并观察其影响。从某种意义上说，这些游戏类似于飞行模拟器，旨在训练飞行员面对现实世界中可能存在重大风险的境况。

许多操作类游戏旨在让参与者获得管理自然资源的实际体验。其中最著名的一个就是捕鱼游戏：由丹尼斯・梅多斯、约翰・斯特曼和安德鲁・金开发的“Fishbanks”（https://www.systemdynamics.org/fishbanksgame）。游戏中涉及了本书中描述的几个概念，即试图最大限度地开发一种资源是如何导致过度捕捞的，从长远来看，又是如何导致其灭绝的。

与其他类似的游戏一样，Fishbanks 游戏的管理有些复杂，需要个人电脑之类的设备。几年前，尤格・巴迪开发了一款类似的简化版桌面游戏。它被称为“石油游戏（The Oil Game）”或“哈伯特游戏（Hubbert’s Game）”，该游戏以美国石油地质学家马里恩・哈伯特・金的名字命名，他曾在 20 世纪 50 年代研究过石油的枯竭。游戏的运行不需要计算机，而是根据组合学领域中被称为“瓮问题”的概念运行，在这种情况下，使用的是从包中提取黑色或白色代币的随机系统。

2016 年在荷兰代尔夫特举行的系统动力学国际会议上发表的

一篇文章[87]，该文章对石油游戏的机制进行了详细的描述，可以看出游戏引擎与 Lotka 和 Volterra 开发的方程是对应的。从袋子里提取彩色圆盘就相当于解微分方程，这似乎很奇怪，但洛特卡 - 沃尔泰（Lotka-Volterra）方程是用来描述现实的，所以现实可以描述方程是有道理的！所以，这个游戏对我们这些绝大多数不熟悉微分方程的人来说是有指导意义的。

石油游戏是白鲸记这款游戏（里面待开发的资源是鲸鱼，更笼统地说，是鱼）开发的基础。这款游戏仍然模拟了洛特卡 - 沃尔泰拉（Lotka-Volterra）方程，但是与石油开采不同的是，该游戏将鲸鱼繁殖也考虑在内。这款游戏非常简单，无需电脑，你可以用能在家找到的或以最低成本购买的最低级设备进行试验。这个游戏的总运行时长只有几个小时。

作者和各种测试人员的游戏经验显示，这些游戏的简单性和竞争性让它们能够吸引学生或者非学生人员参与其中。但确保这些经验不仅仅是游戏体验，而是有教育价值的东西，这就是老师的责任了。

《白鲸记》游戏：所需的材料

只需要用在家里能找到的现成材料就能体验游戏的基本版本（图1）。

图1 《白鲸记》游戏所需的基本材料。黑色和白色的代币，捕鲸者卡片，纸，笔，还有一个提取代币的袋子。

1. 装有黑色和白色代币（至少需要200个）的袋子。你可以用轮盘、弹珠、硬币或啤酒盖。重要的是，它们最好具有可以清楚地区分出来的两种不同的颜色。

2. 捕鲸者卡片。它们可以手工制作，也可以用软件制作标签或名片。其他任何可识别的计数器也可以。

3. 一个或多个六面骰子。

4. 纸和笔用来保存比赛记录。也可以选择用图形纸，以图形形式绘制结果。

5. 亚哈（Ahab）船长的大礼帽和水手以实玛利（Ishmael）的羊毛帽都是可选的，它们会增添游戏氛围（图2）。

图 2　2019 年的《白鲸记》游戏。

尤格·巴迪（Ugo Bardi）（带着大礼帽和鱼叉）在游戏中扮演亚哈（Ahab）船长。照片左边的伊拉里亚·佩里西（Ilaria Perissi）扮演水手以实玛利（Ishmael）。其他成员还有克劳迪娅（Claudia）（正忙着从包里拿东西）、詹卢卡（Gianluca）和斯特凡诺（Stefano）。

游戏描述

游戏分组进行，通常是 4 ~ 5 组。每个组代表一个从事捕鲸的公司，并拥有一定数量的卡片，每个卡片代表一艘渔船。游戏是轮流进行的，每个回合代表一个为期一年的捕鱼周期。在每一轮比赛中，根据所拥有船只的数量和特点，每队从一个装有黑色和白色计数器的袋子中取出一个或多个计数器。取出黑色的计数器意味着捕杀了一条鲸鱼；白色的计数器意味着什么也不捕（我们假定鲸是黑色的，因为它们本来就是黑色的。《白鲸记》是个例外，它只是提供了游戏的名称）。每一轮过后，白色的计数器放回到袋子里，黑色的则不放回。

一旦被捕获，每条鲸鱼都要在船上转化成鲸油。然后，这些鲸油被出售，并用于购买新的捕鲸船，以增加每支捕鲸船队的捕捞能力。此时黑色计数器的积累代表了它们队伍的收益。一般来说，一艘新的捕鲸船需要 3 个黑色计数器。每一回合，游戏指挥都会记录袋子中剩余的黑色计数器，并添置相应数量的黑色计数器。这一环节是为了模拟鲸鱼的繁殖。

这款游戏具有一定的竞争性：在预定的回合数之后，捕获最多鲸鱼玩家的团队便会获胜。一般情况下，最初玩家会快速增加他们的船只和捕获物的数量。但他们倾向于过度开发资源，会使袋子里的黑色计数器的数量迅速减少。在游戏的最后几个回合中，他们会为剩余的少量资源而战，这会导致他们可能耗费掉在最初阶段积累的财富。

游戏规则（基本版）

这是游戏最简单的版本。比赛的规则是不应超过十回合，由四组选手参加。

开始 组队，游戏指挥描述游戏的规则和目的。每位参加者先有一艘捕鲸船 / 渔船。由于优先开始队伍的没有优势，所以每个回合的第一支队伍是随机产生的。一般情况下如果有 80 个黑色计数器和 60 个白色计数器，你可以玩 10 个回合。游戏指挥有大约 20 个额外的黑色计数器。

游戏回合：

1. 捕鲸阶段。捕鲸是通过让每支队伍根据拥有的捕鲸船的数量进行有限次数的抽取来模拟的。一艘标准的捕鲸船有两次抽取的机会。玩家们把黑色计数器抽出来，把白色计数器放回袋子里。

2. 维护阶段。每队为拥有的每艘捕鲸船掷 6 面骰子。如果掷到“1”或“2”，船就被认为是毁掉了——被撞到岩石上、被凶猛的鲸鱼击沉，或者只是被当作过时的东西拆毁。（或者，每艘船可以有 4 次机会，然后被摧毁；这有点复杂，因为它需要记录每艘船的回合数。）

3. 购买阶段。每支队伍可以用 3 个黑色计数器购买新的捕鲸船。这些计数器放在一边。

4. 销售阶段。每支队伍可以决定以与购买所需的相同的黑色计数器数减去一来出售部分或全部船只。也就是说，一艘标准的捕鲸船卖 2 个黑色计数器。这通常发生在游戏的最后阶段。

5. 鲸鱼的繁殖阶段。游戏指挥通过添加数量相当于袋子中剩余黑色计数器的 10% 的黑色计数器来模拟鲸鱼的繁殖。要添加的计数器数量的计算是向下舍入的。也就是说，如果仍然有 50 ～ 60 个黑色计数器，游戏指挥就增加 5 个。如果剩下 40 ～ 50 个黑色计数器，则添加 4 个，以此类推。如果剩下少于 9 个黑色计数器，则不添加。在任何情况下，袋子里黑色计数器的总数都不会超过最初的数量。如果袋子里没有黑色计数器了，游戏指挥就会宣布鲸鱼已经灭绝并停止模拟。

6. 统计。每一轮，玩家在一张纸上写下（a）他们拥有的捕鲸船的数量和（b）捕获的鲸鱼的数量。

7. 额外的规则。如果在前 3 回合比赛中一支队伍失去了所有的船，他们会被分配一艘新的船。这是为了确保一个队伍不会因为一时的不幸而从一开始就出局。

游戏结束　当游戏达到预设的回合数(通常是10回合)，或者鲸鱼灭绝（袋子里没有黑色计数器），或者因为所有参与者都失去了或卖掉了他们所有的捕鲸船，游戏就结束了。游戏结束后，每个队伍计算累计的黑色计数器数量，并将他们拥有的捕鲸船的价值加起来（购买价格减去 1，以模拟报废贬值）。得分最高的队伍就是赢家。

玩家攻略　在基础版本中，玩家只能决定是否使用累积的黑色计数器购买新船。只有剩余的黑色计数器才能提供最后的积分——它们应该是“银行里的钱”。因此，在模拟过程中的某个时刻，停止购买捕鲸船是值得的，因为捕鲸船可能提供很少或没有回报，这时集中精力积累胜利点数才是更好的策略。这是使一些简单游戏具有竞争性的主要战略要素（图 3）。

图 3 《白鲸记》一回合中一个玩家的游戏记录表。在这里，玩家拥有两艘捕鲸船并捕获了 8 条鲸鱼。

游戏升级

我们在前一节中给出的数字只是指示性的。你可以尝试各种可能性，直到找到符合玩家兴趣和教育价值的游戏。游戏规则可以通过改变黑白计数器、渔船的效率、鲸鱼的繁殖率和其他参数而改变。如果玩家数量超过 4 个，那么为了不会过早结束游戏，应该增加黑白计数器的数量。如果玩家少于 4 人，情况则相反。游戏可以通过降低捕鲸船的渔获量（例如，每回合从袋子中抽一次而不是两次）或增加它们的成本（例如，每艘船需要 4 个黑色计数器而不是 3 个来购买）来减慢游戏速度。需要注意的是，如果渔获量过低，即使捕鲸活动在继续，鲸鱼的数量仍可能会保持稳定。不过，这可能具有指导意义：这意味着要引发过度捕捞现象，必须要有一个最低限度的破坏性捕捞效率。游戏还可以采用“协作模式”，要求参与团队以避免鲸鱼种群遭到破坏的方式进行合作。这是可行的，但有点复杂，它所需要的时间比竞争游戏更长。

你可能想让玩家做出进一步的战略选择，例如，购买“超级捕鲸船”需要花费更多黑色计数器（4 个），但允许从袋中抽取 3 次而不是 2 次；或“不定期船”，只需要一个黑色计数器，但只允许每轮抽取 1 次，而且掷骰子掷到 1 ~ 3 的话，就会排到最后。这里存在的风险是，游戏元素优先于教育元素，但这取决于你想要做什么。

游戏的教育价值

在游戏的最后，应该鼓励玩家讨论他们的体验和收获。为了更清楚地了解鲸油生产的进展，你可以让他们用图纸或方格纸把数据做成图表。最后，将由管理者 / 教师来说明、解释这些结果与过度开发资源现象之间的关系。特别是老师，可以介绍和讨论以下几个方面：

1. 竞争是如何引导玩家试图获得最大可能的分数，就像现实世界中的经济竞争导致大家试图开发最大可能的资源。

2. 过度捕捞现象：玩家试图最大化自己的收获，导致鲸鱼被捕获的速度超过它们的繁殖速度。这最终导致了他们的毁灭。

3. 历史上的过度捕捞案例，包括鲸鱼、野牛、纽芬兰鳕鱼等。教师可以与参与者讨论如何能够避免过度捕捞。

4. 在游戏和现实世界中，那些开发资源的人如何在资源产量甚至已经下降的情况下增加效益（增加新的捕鲸船）。

5. 资源产生和捕鲸或渔船数量形成的过程。在模拟游戏中，就像在现实生活中一样，这些曲线趋于快速上升，达到最大值（也称为“产量峰值”），然后开始下降。它们的形状通常是“钟形”，也被称为“哈伯特曲线（Hubbert curve）”。在这里，老师可以将游戏中获得的曲线与现实世界中观察到的捕鲸或石油生产曲线进行比较（图 4）。

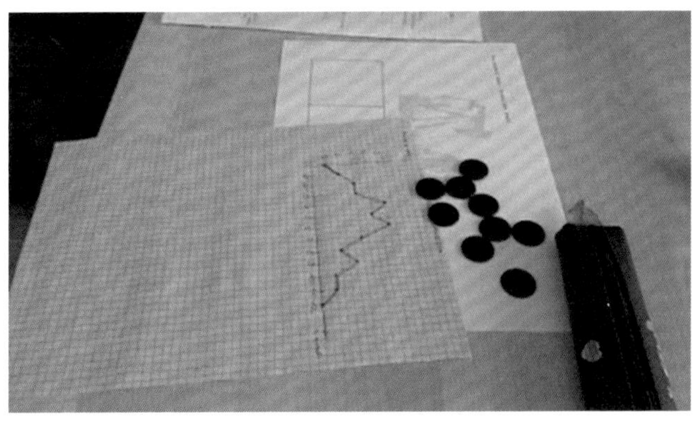

图 4　一个过度开发资源的博弈结果，在方格纸上显示出近似“钟形”的曲线。

关于这个游戏的更多信息

在下面的链接中，你可以找到石油游戏更详细的描述，它基本上和白鲸记游戏一样。

· https://ugobardi.blogspot.com/2015/09/il-gioco-di-hubbert-un-gioco-da-tavolo.html#more。这是 2015 年意大利版游戏的详细信息描述。

· https://cassandralegacy.blogspot.com/2017/09/the-hubbert-game-teaching-science-of.html。游戏的另一种描述（英文）。

· https://www.academia.edu/15926318/The_Hubbert_game_a_board_game_designed_to_teach_the_dynamics_of_resource_depletion。一篇正式的英文文章（2015）。

· https://www.systemdynamics.org/assets/conferences/2016/

proceed/papers/P1026.pdf。在 2016 年代尔夫特国际系统动力学会议（the international System Dynamics conference in Delft）上，这款游戏的英文介绍。

· http://eprints-phd.biblio.unitn.it/3704/.Luciano Celi 博士论文（2019），其中有一章是关于石油游戏的（英语）。

· https://sites.google.com/view/201617-ilgiocodihubbert/home. 佩特拉卡中学的石油游戏（Padre Pio di San Severo（Fg），）2016 — 2017（意大利）。

如果你尝试过这款游戏，并有自己的想法、建议和修改方案，或者只是想谈谈你的体验，请写信给本书的作者 ilariaperissi@gmail.com 或者 ugo.bardi@unifi.it。

作者们的结语

亲爱的读者们，我们尽了最大努力向你们传递我们正在研究这本书中引人入胜的主题时所发现的趣味和魅力之处。我们在写作的过程中获得了快乐，也希望你们能喜欢它并从中得到快乐。所以，我们想分享给你们一张照片，照片中可以看到我们和乔瓦尼（Giovanni）在一起，它是 2019 年在佛罗伦萨大学植物园展出的用废弃塑料制作的抹香鲸塑料雕塑。乔瓦尼不仅仅是一座雕像；它是生活在伊特鲁里亚海（Tyrrhenian Sea）的“佩拉格斯（Pelagos）”保护区的一只真正的抹香鲸的名字，我们的作者尤格（Ugo），就是致力为它写这本书。我们希望这项工作能够为乔瓦尼和所有生活在海里的生物提供一个小小的帮助。

如果你想为我们提供评论和建议，你可以通过邮箱 ilariaperissi@gmail.com 和 ugo.bardi@unifi.it 联系我们（图5）。

图5　伊拉里亚（Ilaria）和尤格（Ugo）站在抹香鲸“乔瓦尼（Giovanni）”雕像前，雕像由回收塑料制成。Giardino dei Semplici，佛罗伦萨，2019 年 10 月。

对《空海：蓝色经济的未来》出版说的几句话

近些年来，海洋在中国走红，海洋科普书也多了起来：有的揭示海洋的奥秘，有的展望海洋的远景。但是《空海：蓝色经济的未来》不同：她告诉你开发海洋中遇到的问题，因而比一般的海洋科普书走得更远。《空海：蓝色经济的未来》从水产养殖和海洋生态出发，分析海洋经济增长的极限。作者自称“生物物理经济学”家，从科学历史跳到渔业养殖，又跳到经济学，跨了不少学科，却又不会让读者感到枯燥。认真说来，这是一份以科普形式出现的研究报告。之所以读起来生动，关键在于行文的诀窍：作者通过故事讲理论，通过历史讲科学，而这正是值得我们学习的地方。

“空海”这书名有点怪，乍一看来还以为是位僧人的法号，其实是说人类的过度捕捞，正在“清空海洋”。这种警告，对于正在热心开发海洋的国人来说显得格外重要。海洋是个伟大而丰富的生态系统，但不是取之不尽的“聚宝盆”。许多海洋过程、尤其是深海过程十分缓慢，经不起“淘金”潮。只有认识海洋，才能成功地开发海洋。

除了深刻的科学内涵之外，《空海：蓝色经济的未来》也是一部科普的精品。精品之“精”在于作者思想的活跃和知识的渊博，历史、艺术和生物、海洋、经济都交织在一起。读这种书，就像作者带着我们在学海里遨游，在游弋中讲授自己的观点。阅读好作品的享受，绝对超过美酒佳肴，遗憾的只是为什么原版不是中文。好在中国的科普正在快速发展，让我们祝愿有越来越好的中文原著科普精品问世，不但影响中国，还能影响世界。

汪品先

海洋地质学家、中国科学院院士

参考文献

1. AQUACALYPSE P D. Now [Internet]. The New Republic. 2009 [cited 2016 Mar 14]. Available from: https://newrepublic.com/article/69712/aquacalypse-now

2. FDL staff. Plankton: what it is and how to cook with it [Internet]. Fine Dining Lovers. 2017 [cited 2020 Jan 1]. Available from: https://www.finedininglovers.com/article/plankton-what-it-and-how-cook-it

3. HARDY A. Was man more aquatic in the past? New Sci. 1960;7(174):642–5.

4. MIETTINEN A, SARMAJA-KORJONEN K, SONNINEN E, et al. The palaeoenvironment of the Antrea Net Find. Karelian Isthmus [Internet]. 2008 [cited 2020 Jan 1];71–87. Available from: https://researchportal.helsinki.fi/en/publications/the-palaeoenvironment-of-the-antrea-net-find

5. History of Ice Houses – Chewonki Ice House Project [Internet]. [cited 2020 Jan 1]. Available from: https://sites.google.com/a/chewonki.org/chewonki-ice-house-project/services

6. BARRETT J H, BOESSENKOOL S, KNEALE C J, et al. Ecological globalisation, serial depletion and the medieval trade of walrus rostra. Quat Sci Rev [Internet]. 2020 [cited 2020 Jan 10];229:106122. Available from: http://www.sciencedirect.com/science/article/pii/S0277379119305736

7. KINTISCH E. The lost norse. Science Magazine [Internet]. 2016 [cited 2020 Jan 1];354(6313):696–701. Available from: https://science.sciencemag.org/content/354/6313/696

8. BURSTEIN S M. The babyloniaca of Berossus. Malibu: Undena Publications; 1978. (Sources and Monographies; vol. 1)

9. HANSON K C. The Galilean fishing economy and the Jesus tradition – K. C. Hanson, 1997. Biblic Theol Bull J Bible Cult [Internet]. 1997 [cited 2020 Jan 1];27(3):90–111. Available from: https://journals.sagepub.com/doi/10.1177/014610799702700304

10. BARDI U. Chimeras: medieval high fashion in the art of Giovanni di Benedetto [Internet]. Chimeras. 2016 [cited 2020 Jan 4]. Available from: http://chimeramyth.blogspot.com/2016/04/medieval-high-fashion-in-art-of.html

11. JOSEPHSON P. The ocean's hot dog: the development of the fish stick. Technol Cult [Internet]. 2008 [cited 2020 Jan 1];49(1):41–61. Available from: https://www.jstor.org/stable/40061377

12. BERNAL-CASASOLA D, Gardeisen A, MORGENSTERN P, et al. Ancient whale exploitation in the Mediterranean: the archaeological record. Antiquity [Internet]. 2016 [cited 2020 Jan 4];90(352):914–27. Available from: https://www.cambridge.org/core/journals/antiquity/article/ancient-whale-exploitation-in-the-mediterranean-the-archaeological-rec ord/1668AEA4F1F7F680850B0999B65697C8

13. STARBUCK A. History of the American whale fishery. Castle; 1989.

14. CHRISTENSEN L B. Marine mammal populations: reconstructing historical abundances at the global scale. Fish Cent Res Rep [Internet]. 2006;14(9). Available from: https://open.library. ubc.ca/cIRcle/collections/facultyresearchandpublications/52383/items/1.0074757

15. LEAR W H. History of fisheries in the Northwest Atlantic: the 500-year perspective. J Northwest Atl Fish Sci [Internet]. 1998 [cited 2020 Mar 4];23:41–73. Available from: https://journal.nafo.int/Volumes/Articles/ID/276/History-of-Fisheries-in-the-Northwest-Atlantic-The-500-Year-Perspective

16. HAMILTON L C, HAEDRICH R L, DUNCAN Cynthia M. Above and below the water: social/ecological transformation in Northwest Newfoundland | SpringerLink. Population and the Environment[Internet]. 2004 [cited 2020 Jan 2];25:195–215. Available from: https://link.springer.com/article/10.1023/B:POEN.0000032322.21030.c1

17. STEELE D H, ANDERSEN R, GREEN J M. The managed

commercial annihilation of Northern Cod. 1 [Internet]. 1992 [cited 2020 Jan 2]; Available from: https://journals.lib.unb.ca/index.php/NFLDS/article/view/919

18. HUTCHINGS J A, MYERS R A. What can be learned from the collapse of a renewable resource? Atlantic cod, Gadus morhua, of Newfoundland and Labrador. Can J Fish Aquat Sci. 1994;51(9):2126–46.

19. PAULY D, ZELLER D. Catch reconstructions reveal that global marine fisheries catches are higher than reported and declining. Nat Commun. 2016;7:1–9.

20. MULLON C, FRÉON P, CURY P. The dynamics of collapse in world fisheries. Fish Fish [Internet]. 2005 [cited 2020 Jan 1];6(2):111–20. Available from: https://onlinelibrary.wiley.com/doi/abs/10.1111/j.1467-2979.2005.00181.x

21. THURSTAN R H, BROCKINGTON S, ROBERTS C M. The effects of 118 years of industrial fishing on UK bottom trawl fisheries. Nat Commun. 2010;1(2):1–6.

22. WATSON R A, CHEUNG W W L, Anticamara JA, Sumaila RU, Zeller D, Pauly D. Global marine yield halved as fishing intensity redoubles. Fish Fish. 2013;14(4):493–503.

23. MCCLENACHAN L. Documenting loss of large trophy fish from the Florida Keys with historical photographs. Conserv Biol. 2009;23(3):636–43.

24. PAULY D, CHRISTENSEN V, DALSGAARD J, et al. Fishing down marine food webs. Science (New York, NY) [Internet]. 1998 [cited 2016 Sep 10];279(5352):860–3.Available from: http://www.ncbi.nlm.nih.gov/pubmed/9452385

25. ODUM W E, HEALD E J. The detritus-based food web of an estuarine mangrove community. In: Cronin LE, editor. Estuarine research: Academic Press Canada; 1975.

26. A Plastic Ocean – The Movie [Internet]. [cited 2020 Jan 2]. Available from: https://www.aplasticocean. movie/

27. GEYER R, JAMBECK J R, LAW K L. Production, use, and fate of all plastics ever made. Sci Adv [Internet]. 2017 [cited 2018 Jun 29];3(7):e1700782. Available from: http://advances.sciencemag.org/

lookup/doi/10.1126/sciadv.1700782

28. VAN CAUWENBERGHE L, JANSSEN C R. Microplastics in bivalves cultured for human consumption. Environ Pollut [Internet]. 2014 [cited 2020 Jan 2];193:65–70. Available from: http://www.sciencedirect. com/science/article/pii/S0269749114002425

29. New Plastics Economy Global Commitment [Internet]. Ellen McArthur Foundation; 2017 [cited 2020 Jan 2]. Available from: https://www.ellenmacarthurfoundation.org/news/ spring-2019-report

30. RUMMEL C D, JAHNKE A, GOROKHOVA E, et al. Impacts of biofilm formation on the fate and potential effects of microplastic in the aquatic environment. Environ Sci Technol Lett [Internet]. 2017 [cited 2020 Jan 4];4(7):258–67. Available from: https://doi.org/10.1021/acs.estlett.7b00164

31. GESAMP staff. WG 40: plastics and mico-plastics in the ocean [Internet]. GESAMP. 2018 [cited 2020 Jan 2]. Available from: http://www.gesamp.org/work/groups/40

32. BOOTH S, HUI J, ALOJADO Z, et al. Global deposition of airborne dioxin. Mar Pollut Bull [Internet]. 2013 [cited 2020 Jan 31];75(1):182–6. Available from: http://www.sciencedirect.com/science/article/pii/S0025326X13004281

33. HSI H C, HSU Y W, CHANG T C, et al. Methylmercury concentration in fish and riskbenefit assessment of fish intake among pregnant versus infertile women in Taiwan. PLoS One [Internet]. 2016 [cited 2020 Jan 2];11(5):e0155704. Available from: https://www.ncbi.nlm.nih.gov/pmc/articles/PMC4871344/

34. PAULY D, CHEUNG W W L. Sound physiological knowledge and principles in modeling shrinking of fishes under climate change. Glob Change Biol [Internet]. 2018 [cited 2020 Jan2];24(1):e15–26. Available from: https://onlinelibrary.wiley.com/doi/abs/10.1111/gcb.13831

35. CONDIE K C. A planet in transition: the onset of plate tectonics on Earth between 3 and 2 Ga? Geosci Front [Internet]. 2018 [cited 2020 Jan 11];9(1):51–60. Available from: http://www.sciencedirect.com/science/article/pii/S167498711630127X

36. GROESKAMP S, KJELLSSON J. NEED The Northern European

Enclosure Dam for if climate change mitigation fails. Bull Amer Meteor Soc [Internet]. 2020 [cited 2020 Mar 5]; Available from:https://journals.ametsoc.org/doi/abs/10.1175/BAMS-D-19-0145.1

37. PERISSI I, FALSINI S, BARDI U, et al. Potential European emissions trajectories within the global carbon budget. Sustainability [Internet]. 2018 [cited 2020 Jan 4];10(11):4225. Available from: https://www.mdpi.com/2071-1050/10/11/4225

38. VOLTERRA V. Fluctuations in the abundance of a species considered mathematically. Nature. 1926;118(2972):558–60.

39. LOTKA A J. Elements of physical biology. Williams and Wilkins Company: Baltimore; 1925. 435 p.

40. LOTKA A J. Lotka on population study, ecology, and evolution. Popul Dev Rev [Internet]. 1989[cited 2020 Mar 21];15(3):539–50. Available from: https://www.jstor.org/stable/1972445

41. HARDIN G. The tragedy of the commons. Science [Internet]. 1968 [cited 2013 Dec 10];162(13 December):1243–8. Available from: http://scholar.google.it/scholar?hl=en&q=garrett+hardin&btnG=&as_sdt=1,5&as_sdtp=#0

42. SOLOW R. Technical change and the aggregate production function. Q J Econ. 1956;70(1):65–94.

43. OSTROM E. Governing the commons: the evolution of institutions for collective action. Cambridge: Cambridge University Press; 1990.

44. FORRESTER J. The beginning of system dynamics Banquet Talk at the international meeting of the System Dynamics Society. Stuttgart, Germany. 1989.

45. ODUM H T. Energy, ecology, and economics. Ambio [Internet]. 1973 [cited 2015 Aug 6];2(6):220–7. Available from: http://www.jstor.org/stable/4312030?seq=1#page_scan_tab_contents

46. MOXNES E. Not only the tragedy of the commons: misperceptions of feedback and policies for sustainable development. Syst Dyn Rev [Internet]. 2000 [cited 2016 May 8];16(4):325–48. Available from: http://onlinelibrary.wiley.com/doi/10.1002/sdr.201/abstract

47. ROSENBLUM M, CABRAJAN M. In Mackerel's plunder, hints of epic fish collapse. The New York Times [Internet]. 2012.;

Available from: http://www.nytimes.com/2012/01/25/science/earth/inmackerels-plunder-hints-of-epic-fish-collapse.html

48. Forrester J. World dynamics [Internet]. Cambridge, MA: Wright-Allen Press; 1971 [cited 2013 Jun 3]. Available from: http://documents.irevues.inist.fr/handle/2042/29441

49. MEADOWS D H, MEADOWS D L, Randers J, Bherens W III. The limits to growth. New York: Universe Books; 1972.

50. BARDI U. The limits to growth revisited. New York: Springer; 2011. 119 p.

51. BARDI U, LAVACCHI A. A simple interpretation of Hubbert's model of resource exploitation. Energies [Internet]. 2009 [cited 2012 Dec 3];2(3):646–61. Available from: http://www.mdpi. com/1996-1073/2/3/646

52. PERISSI I, BARDI U, EL ASMAR T. Dynamic patterns of overexploitation in fisheries. Ecol Model. 2017;359

53. BARDI U. The seneca effect. Why growth is slow but collapse is rapid: Springer; 2017.

54. BARDI U. Before the collapse: a guide to the other side of growth [Internet]. Springer International Publishing; 2020 [cited 2020 Mar 8]. Available from: https://www.springer.com/gp/book/9783030290375

55. ANONYMOUS. Blue growth [Internet]. Maritime Affairs – European Commission. 2016 [cited 2020 Jan 2]. Available from: https://ec.europa.eu/maritimeaffairs/policy/blue_growth_en

56. Makai's Ocean Thermal Energy Conversion [Internet]. Makai. 2019 [cited 2020 Jan 2]. Available from: https://www.power-technology.com/projects/makais-ocean-thermal-energy-conversion-otec-power-plant-hawaii/

57. DITTMAR M. The end of cheap uranium. The Science of the total environment [Internet]. 2013 16[cited 2013 Jun 22];null(null). Available from: https://doi.org/10.1016/j.scitotenv.2013.04.035

58. BARDI U. Extracting minerals from seawater: an energy analysis. Sustainability. 2010;2(4):980–92.

59. HALL C A, CLEVELAND C J, KAUFMANN R. Energy and resource quality: the ecology of the economic process [Internet]. New York:

Wiley Interscience; 1986 [cited 2015 Aug 7]. Available from: http://www.amazon.com/Energy-Resource-Quality-Environmental-Wiley-Interscience/dp/0471087904

60. Volume of Earth's Annual Precipitation – The Physics Factbook [Internet]. [cited 2020 Jan 2]. Available from: https://hypertextbook.com/facts/2008/VernonWu.shtml

61. CRISP W. Thousands of ships fitted with 'cheat devices' to divert poisonous pollution into sea [Internet]. IGP Methanol. 2019 [cited 2020 Jan 6]. Available from: https://igpmethanol.com/2019/09/30/thousands-of-ships-fitted-with-cheat-devices-to-divert-poisonous-pollution-into-sea/

62. N/a. World review of fisheries and aquaculture: Food and Agriculture Organization; 2012.

63. MESQUITA NOLETO FILHO E, MESQUITA E. Cannibalism in aquaculture: an interactive review. 2019.

64. LULIJWA R, RUPIA E J, ALFARO A C. Antibiotic use in aquaculture, policies and regulation, health and environmental risks: a review of the top 15 major producers – Lulijwa – Reviews in Aquaculture – Wiley Online Library. Reviews in Aquaculture [Internet]. 2019 [cited 2020 Jan

3]; Available from: https://onlinelibrary.wiley.com/doi/full/10.1111/raq.12344

65. BAO M, PIERCE G J, PASCUAL S, González-Muñoz M, Mattiucci S, Mladineo I, et al. Assessing the risk of an emerging zoonosis of worldwide concern: anisakiasis. Nature [Internet]. 2017 [cited 2020 Jan 12];7(1):1–17. Available from: https://www.nature.com/articles/srep43699

66. HUXLEY T. The coming of age of the origin of species, Collected Essays, vol. 2. Oxford: Benediction classics; 2011.

67. BAR-ON Y M, Phillips R, Milo R. The biomass distribution on Earth. PNAS [Internet]. 2018 [cited 2020 Jan 2];115(25):6506–11. Available from: https://www.pnas.org/content/115/25/6506

68. GROOMBRIDGE B, JENKINS M D, Jenkins M. World atlas of biodiversity: Earth's living resources in the 21st century: University of California Press; 2002. 368 p.

69. GORSHKOV V G, MAKARIEVA A M, Gorshkov VV. Revising the fundamentals of ecological knowledge: the biota–environment interaction. Ecol Complexit. 2004;1:17–36.

70. GOUGH C M. Terrestrial primary production: fuel for life. Nat Educ Knowl. 2011;3(10):28.

71. FIELD C B, BEHRENFELD M J, RANDERSON J T, et al. Primary production of the biosphere: integrating terrestrial and oceanic components. Science (New York, NY) [Internet]. 1998 [cited 2020 Mar 21];281(5374):237–40. Available from: https://escholarship.org/uc/item/9gm7074q

72. GORSHKOV V G, MAKARIEVA A M. Biotic pump of atmospheric moisture as driver of the hydrological cycle on land. Hydrol Earth Syst Sci Discuss. 2006;3:2621–73.

73. YU H, CHIN M, YUAN T, et al. The fertilizing role of African dust in the Amazon rainforest: a first multiyear assessment based on data from Cloud-Aerosol Lidar and Infrared Pathfinder Satellite Observations. Geophys Res Lett [Internet]. 2015 [cited 2020 Mar 21];42(6):1984–91. Available from: https://agupubs.onlinelibrary.wiley.com/doi/abs/10.1002/2015GL063040

74. CHAMI R, COSIMANO T, FULLENKAMP C, et al. Nature's solution to climate change – IMF F&D. finance & development [Internet]. 2019 [cited 2020 Jan 10];56(4). Available from: https://www.imf.org/external/pubs/ft/fandd/2019/12/natures-solution-to-climate-change-chami.htm

75. KRAUSMANN F, ERB K H, GINGRICH S, et al. Global human appropriation of net primary production doubled in the 20th century. PNAS [Internet]. 2013 18 [cited 2020 Jan 2];110(25):10324–9. Available from: https://www.pnas.org/content/110/25/10324

76. MARTÍNEZ-GARCÍA A, SIGMAN D M, REN H, et al. Iron fertilization of the subantarctic ocean during the last ice age. Science [Internet]. 2014 21 [cited 2020 Mar 18];343(6177):1347–50. Available from: https://science.sciencemag.org/content/343/6177/1347

77. MARTIN J H, FITZWATER S E. Iron deficiency limits phytoplankton growth in the north-east Pacific subarctic. Nature [Internet]. 1988 Jan [cited 2020 Jan 3];331(6154):341–3. Available from: https://www.nature.com/articles/331341a0

78. CHISHOLM S W, FALKOWSKI P G, CULLEN JJ. Oceans. Dis-

crediting ocean fertilization. Science. 2001;294(5541):309–10.

79. HARRISON D P. Global negative emissions capacity of ocean macronutrient fertilization. Environ Res Lett [Internet]. 2017;12:035001. Available from: https://iopscience.iop.org/article/10.1088/1748-9326/aa5ef5/pdf

80. GORSHKOV V G, MAKARIEVA A M, GORSHKOV V V. Biotic regulation of the environment: key issue of global change [Internet]. Springer; 2000 [cited 2017 Sep 24]. 367 p. (Springer-Praxis Series in Environmental Sciences). Available from: http://www.springer.com/it/book/9781852331818

81. WROE S, FIELD J. A review of the evidence for a human role in the extinction of Australian megafauna and an alternative interpretation. Quat Sci Rev. 2006;25(21):2692–703.

82. DIJK A V, CANADELL P, LIU Y. Despite decades of deforestation, the Earth is getting greener [Internet]. The Conversation. 2015 [cited 2020 Jan 3]. Available from: http://theconversation.com/despite-decades-of-deforestation-the-earth-is-getting-greener-38226

83. PIAO S, WANG X, PARK T, et al. Characteristics, drivers and feedbacks of global greening. | Nature Reviews Earth & Environment [Internet]. [cited 2020 Feb 1];1:14–27. Available from: https://www.nature.com/articles/s43017-019-0001-x

84. HARVEY C. Earth stopped getting greener 20 years ago [Internet]. Scientific American.2019 [cited 2020 Jan 3]. Available from: https://www.scientificamerican.com/article/earth-stopped-getting-greener-20-years-ago/

85. SMITH F A, SMITH E, ROSEMARY E, et al. Body size downgrading of mammals over the late Quaternary. Science [Internet]. 2018 20 [cited 2020 Jan 3];360(6386):310–3. Available from: https://science.sciencemag.org/content/360/6386/310

86. DAVIES L. Wild bear Daniza dies after attempt to capture her fails in Italy. The Guardian [Internet]. 2014 [cited 2020 Jan 10]; Available from: https://www.theguardian.com/world/2014/sep/11/daniza-wild-bear-dies-attempt-capture-italy

87. BARDI U. The Hubbert game. In: Proceedings of the 34th international conference of the System Dynamics Society, Delft The Netherlands, July 17–21, 2016. Delft; 2016.

索引

B

C

D

E

F

M

N

O

P

Q

R

S

图书在版编目（CIP）数据

空海 : 蓝色经济的未来 / (意)伊拉里亚·佩里西著, (意)乌戈·巴迪; 刘纪化, 王文涛, 郑强译. — 长沙 : 湖南科学技术出版社, 2022.7

书名原文: The Empty Sea--The Future of the Blue Economy
ISBN 978-7-5710-1547-3

Ⅰ. ①空… Ⅱ. ①伊… ②乌… ③刘… ④王… ⑤郑… Ⅲ. ①海洋经济学—研究 Ⅳ. ①P74

中国版本图书馆 CIP 数据核字(2022)第 072005 号

The Empty Sea: The Future of the Blue Economy

by Ilaria Perissi and Ugo Bardi, edition: 1

著作权合同登记号：18-2022-005

KONGHAI: LANSE JINGJI DE WEILAI

空海：蓝色经济的未来

著　　者：[意]伊拉里亚·佩里西　[意]乌戈·巴迪

译　　者：刘纪化　王文涛　郑　强

出 版 人：潘晓山

责任编辑：李文瑶　梁　蕾　王舒欣

出版发行：湖南科学技术出版社

社　　址：长沙市芙蓉中路一段 416 号泊富国际金融中心

网　　址：http://www.hnstp.com

湖南科学技术出版社天猫旗舰店网址：

http://hnkjcbs.tmall.com

邮购联系：0731 - 84375808

印　　刷：长沙市雅高彩印有限公司

（印装质量问题请直接与本厂联系）

厂　　址：长沙市开福区中青路1255号

邮　　编：410153

版　　次：2022 年 7 月第 1 版

印　　次：2022 年 7 月第 1 次印刷

开　　本：880 mm×1230 mm　1/32

印　　张：11

字　　数：216 千字

书　　号：ISBN 978-7-5710-1547-3

定　　价：88.00 元